삼국 시대부터 조선 시대까지

역사에 숨은

통계
이야기

삼국 시대부터 조선 시대까지

역사에 숨은

통계

이야기

송은영 글 | 방상호 그림

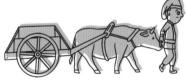

통계로 보는
재미있는 우리 역사 이야기

안녕하세요? 여러분은 통계를 어떻게 생각하나요? 통계가 너무 어렵다고 생각하나요? 삼국 시대부터 조선 시대까지 과거의 역사가 보여 주듯 통계는 딱딱하고 어려운 것이 아니라 우리의 삶과 밀접한 연관을 맺고 있는 친구와도 같습니다.

이번에 발간하는 《역사에 숨은 통계 이야기》는 삼국 시대부터 조선 시대까지 역사의 한 장면을 살펴보면서 통계의 중요성과 의미를 이해하고 우리 선조들이 통계를 어떻게 활용하였는지를 살펴보는 기회가 될 것 같습니다.

특히 두 번째 장에서 나오는 《민정문서》는 통일 신라 시대에 실시한 우리나라 최초의 인구 조사 자료입니다. 우리는 《민정문서》를 통해 그 당시 백성의 삶을 엿볼 수 있지요. 현재 대한민국에서도 5년마다 '인구 주택 총조사'를 실시하고 있어요. 이렇게 통계는 오랜 시간 동안 우리와 함께해 왔습니다.

역사에 기록된 단 몇 줄의 수치도 중요한 의미를 지니고 있으며, 그 시대를 비추어 볼 수 있는 훌륭한 통계 자료가 됩니다. 이 수치를 놓치지 않고 분석하는 통계적 사고를 통해 역사의 진실을 밝힐 수 있다는 사실을 배울 수 있을 거예요. 결론적으로 통계는 어디에나 있고 언제나 있어 왔다는 것을 역사 이야기를 통해 들려줄 것입니다.

'현대 학문의 꽃'인 통계는 수학이라는 어렵고 난해한 학문의 일부라는 탓에 사람들이 쉽게 다가서지 못합니다. 하지만 사실 통계는 선사 시대 때부터 지금까지 우리 삶과 가장 가까운 곳에 살아 숨 쉬는 구수한 존재랍니다. 어른들만 아는 딱딱한 존재라는 편견은 버리고 지금부터 역사 속으로 재미있는 통계 여행을 떠나 보는 것은 어떨까요?

이 책을 통하여 통계와 친구가 되어 더욱 지혜롭고 현명하며 합리적인 생각을 키워 나가길 바랍니다.

2019년 12월

통계청장 강신욱

통계와 역사라는
흥미로운 조합을 직접 경험해 봐!

역사는 어때야 한다고 생각하니? 나는 역사는 진실해야 한다고 생각해. 진실하지 않은 역사는 큰 의미를 두기 어렵지.

역사책에 기록된 내용을 있는 그대로 믿는 역사학자는 한 명도 없어. 그 당시 상황을 그려 보고 정말 그랬을지 뒤집어 생각해 보고 또 다른 책을 찾아보면서 자신의 역사관을 만들어 가지. 역사학자들은 그만큼 오랜 시간 동안 진실을 찾기 위해 노력하고 있어. 그런데 역사의 진실을 밝히는 데 통계 수치가 한 몫을 한다는 거 알고 있니?

이 책에서는 삼국 시대부터 조선 시대까지 시대를 따라가면서 역사와 통계에 관한 재미있는 이야기를 들려줄 거야.

먼저 1장 고구려, 백제, 신라 그리고 하늘에서는 《삼국사기》에 기록된 일식의 횟수를 보며 삼국은 왜 일식 현상에 주목했는지 알아보고, 2장 통일 신라 시대의 마을에서는 우리나라 최초의 인구 조사 자료인 《민정문서》를 통해 통일 신라 시대 백성의 삶은 어떠했는지 살펴볼 거야. 3장 고려의 임금과 부인들에서는 고려 왕의 부인과 자식의 수를 계산해 보면서 고려 왕은 왜 그렇게 부인을 많이 두었는지 이유를 알아볼 거고, 4장 고려와 《팔만대장경》에서는 《팔만대장경》의 제작 연도가 역사서에 기록된 것과 목판에 새겨진 것이 왜 서로 다른지 따져 볼 거야. 5장에서는 조선 시대 한양 도성 공사는 무슨 이유로 가장 추울 때 진행했는지, 마지막 6장에서는 이순신 장군이 명량 해전을 승리로 이끌 수 있었던 가장 중요한 이유를 알아볼 거야.

기록으로 남겨진 각종 통계 자료나 수치를 통해 아주 먼 옛날, 우리의 선조들이 어떤 삶을 살았는지 하나하나 짚어 보면서 역사의 진실에 한 발 더 가까이 다가가 보는 거야.

《역사에 숨은 통계 이야기》를 읽으면서 통계와 역사라는 흥미롭고 유익한 조합을 직접 경험해 보았으면 해. 그리고 책을 읽거나 자료를 볼 때 아주 사소한 수치라도 그냥 지나치지 않고 한 번 더 생각해 본다면 분명 더 큰 무언가를 찾아낼 수 있을 거야. 그 발견이 이 책을 통해 얻는 가장 큰 보람이길 바랄게.

2019년 12월

일산에서 송은영

차례

① 고구려, 백제, 신라 그리고 하늘

② 통일 신라 시대의 마을

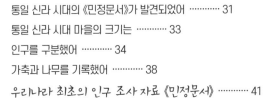

③ 고려의 임금과 부인들

* **일러두기**

　고서를 인용한 부분은 이해하기 쉽도록 오늘날 사용하는 용어와 말씨로 각색하였습니다.

- 삼국은 천문 현상에 관심이 많았어
- 삼국은 일식에 주목했어
- 일식 예측이 틀리면
- 임금이 일식을 무시하면
- 역사의 진실을 가리는 일식 통계

고구려, 백제, 신라가
일식에 주목한 까닭은 무엇일까?

🌙 삼국은 천문 현상에 관심이 많았어

우리나라의 역사를 보면 고구려, 백제, 신라 세 나라가 함께 경쟁하며 발전하던 시기가 있었어. 이때를 삼국 시대라고 해.

삼국 시대를 자세히 들여다볼 수 있는 중요한 자료로 《삼국사기》라는 책이 있어. 《삼국사기》는 고려 시대의 학자 김부식이 1145년(인종 23년)에 지은 역사책이야. 이 책에는 삼국의 정치, 경제, 사회, 문화, 국방, 외교에 관한 내용이 날짜별로 상세하게 기록되어 있어. 삼국 시대를 알고 이해하는 데 없어선 안 되는 중요한 자료라고 할 수 있지.

《삼국사기》를 살펴보면 하늘에서 나타나는 자연 현상도 기록되어 있어. 이렇게 말이야.

- 기원전 54년 신라 혁거세왕 시절, 일식이 일어났다.
- 기원전 49년 신라 혁거세왕 시절, 혜성이 나타났다.
- 기원전 7년 고구려 유리왕 시절, 행성이 별자리를 지나갔다.
- 기원후 149년 고구려 차대왕 시절, 하늘에 행성이 모였다.
- 기원후 205년 백제 초고왕 시절, 행성이 달에 접근했다.
- 기원후 224년 백제 구수왕 시절, 낮에 금성이 보였다.

이런 기록에서 우리는 무엇을 유추해 볼 수 있을까? 그래, 삼국 세 나라 모두 하늘에서 나타나는 자연 현상, 즉 천문 현상에 큰 관심을 갖고 있었다는 사실을 알 수 있어. 자 그럼 질문 하나 할게.

고구려와 백제와 신라는 왜 천문 현상에 관심을 가졌을까?

단순한 호기심 때문이었을까? 아니야. 옛날 사람들은 하늘에서 일어나는 현상에 하느님의 지엄한 뜻이 담겨 있다고 여겼기 때문이야. 우리 선조들은 하늘과 사람은 따로따로가 아니라고 생각했어. 하늘과 사람이 서로 긴밀하게 연결돼 있다고 보았던 거지. 과학 기술이 발전하지 않았던 옛날 사람들의 이야기라고? 꼭 그럴까? 선조들의 생각은 놀랍게도 과학으로 입증되었어.

사람은 탄소, 수소, 산소, 질소 같은 원소로 이루어져 있어. 이런 원소들이 우리 체중의 99퍼센트를 차지하고 있지. 원소가 없으면 사람은 탄생할 수도 없고, 존재할 수도 없어. 그런데 우주가 처음 생겨날 당시에는 수소와 헬륨만 가득했을 뿐 다른 원소가 없었어. 지구는 사람은 물론이고 어떤 생명체도 태어나거나 살 수 있는 환경이 아니었던 거지. 지금은 어떻냐고? 탄소, 수소, 산소, 질소가 지구에 넘쳐나고 있어. 이렇게 달라진 이유가 뭘까?

그 해답은 바로 '별'에 있어. 세월이 흐르면, 별도 사람처럼 나이를 먹고 사라져. 마지막을 화려하게 마무리하고 떠나느냐 아니냐 하는

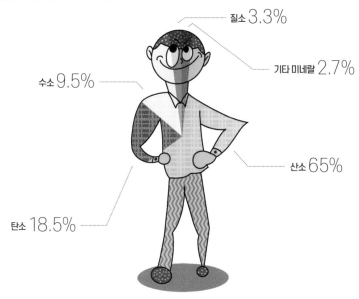

사람을 이루는 원소의 구성 비율

질소 3.3%

기타 미네랄 2.7%

수소 9.5%

산소 65%

탄소 18.5%

것이 차이라면 차이지. 별은 거대한 폭발을 일으키면서 생을 마감하는데, 이때 수많은 종류의 원소가 우주 공간으로 퍼져 나가게 돼. 그래, 사람을 비롯한 지구상의 모든 생명체는 바로 이때 나온 원소들이 모여서 만들어진 거야. 그러니 생각해 보면 사람이 별의 일부분이라고 할 수 있지. 하늘과 사람은 따로따로가 아니라는 옛사람들의 말이 틀린 게 아니었던 거야.

삼국은 일식에 주목했어

옛날 사람들이 천문 현상에 얼마나 관심이 있었는지 확인하는 자료로 《삼국사기》만 한 것이 없어. 이 책에는 무려 200건 넘는 천문 현상이 기록돼 있거든. 《삼국사기》에 기록된 주요 천문 현상의 발생 횟수는 다음과 같아.

《삼국사기》의 천문 현상 기록

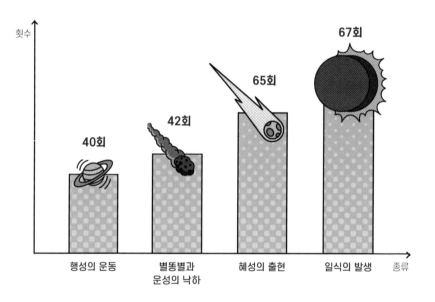

이 통계 수치를 보면, 삼국 시대에 가장 많이 발생한 천문 현상은 **일식**이라는 것을 알 수 있어.

일식은 달이 태양을 가리는 현상을 말해. 달이 지구 주위를 돌다가 지구와 태양 사이에 끼어들면 태양을 가리는데, 이때 달이 태양의 일부를 가리면 **부분 일식**, 전체를 가리면 **개기 일식**이라고 해.

그런데 달이 지구와 태양 사이에 끼어드는 일은 자주 나타나는 현상이 아니야. 심지어 몇 십 년에 한 번 나타나기도 하거든. 반면 별똥별이 떨어지는 현상은 한 해에도 몇 차례나 나타나. 수성, 금성, 화성, 목성, 토성 같은 행성은 수시로 움직이고, 혜성도 주기적으로 나타나지. 그렇다면 일식보다 별똥별의 낙하와 행성의 운동 횟수가 더 많이 기록되었어야 하지 않을까? 그런데 《삼국사기》의 통계 자료를 보면 어떤 천문 현상보다 일식이 훨씬 더 많이 기록되어 있어. 이유가 뭘까?

옛날 사람들이 일식을 어떻게 생각했는지 살펴보면 답을 찾을 수 있어. 삼국 시대, 혹은 그 이전부터 우리 선조는 일식 현상이 '하늘이 천자(天子)에게 내리는 경고'라고 여겼어. 옛날에는 임금을 하늘나라의 아들이라는 뜻으로 천자라고 불렀으니, 결국 일식은 왕에게 보내는 일종의 경고라고 믿은 거지.

생각해 봐. 일식이 일어나면 하늘이 어두워지면서 낮이 밤처럼 변해. 환했던 세상이 갑자기 어두컴컴해지니 사람들이 얼마나 놀랐겠어. 난리도 이런 난리가 없었지.

하늘이 노하셨다. 이는 임금이 정치를 잘못했기 때문이다.

일식이 일어나면 임금이 직접 나서서 하늘의 노여움을 달래기 위해 예를 갖추고 제사를 지내면서 용서를 빌고 빌었어.

상황이 이러니 일식이 일어나는 원인을 전혀 알지 못했던 시대의 사람들, 그중에서 특히 나라를 다스리는 임금이나 재상은 수많은 천문 현상 중에서 일식을 가장 중요하게 생각할 수밖에 없었던 거야. 《삼국사기》에서 일식이 일어난 횟수를 가장 비중 있게 다룬 것도 마찬가지 이유였어.

🌙 일식 예측이 틀리면

　일식은 하늘이 내리는 준엄한 경고이니, 일식이 언제 일어날지 예측하는 것은 나라의 중요한 일이었어. 그래서 고구려와 백제, 신라는 일식을 예측하는 기관과 관리를 따로 두었는데, 이때 관리를 고구려에서는 **일자**, 백제에서는 **일관**, 신라에서는 **천문박사**라고 불렀어.

　그렇다면 일식 예측은 어디에서 어떻게 했을까? 일식을 예측하는 것은 하늘의 뜻을 알아차리는 것이나 다름없었기 때문에 아무 데서나 할 수는 없었을 거야. 신성하게 쌓은 단*이나 첨성대에서 관측을 했지. 고구려와 백제, 신라 모두 이런 장소가 있었지만, 현재는 신라의 첨성대만 온전하게 남아 있어.

***단:** 하늘에 제사를 올리기 위해 흙이나 돌로 쌓은 터.

삼국의 일식 담당 관리가 일식을 예측할 때는 그때까지 조사되었던 통계 자료를 십분 활용했어.

• 50년 전 8월에 일식이 있었다.
• 40년 전 6월에 일식이 있었다.
• 30년 전 7월에 일식이 있었다.
• 20년 전 9월에 일식이 있었다.
• 10년 전 6월에 일식이 있었다.

일식을 기록한 통계가 이런 흐름을 보인다면, 다음번 일식은 언제쯤 일어날까? 십 년마다 초여름에서 초가을 사이에 일식이 있었던 걸로 봐서, 그해 여름 즈음에 일어날 가능성이 높다고 볼 수 있어.

고구려의 일자, 백제의 일관, 신라의 천문박사는 일식 통계 자료를 보며 예상 날짜를 어림잡은 후에 자신이 알고 있는 수학, 과학 지식을 총동원했어. 보다 정확한 날짜를 계산하기 위해서였지.

이렇게 예측한 일식의 시간이 어긋나기라도 하면 관리에게 큰 벌이 떨어졌어. 예를 들어 관리가 오늘 낮 11시에 일식이 일어날 거라 예측해서 임금과 신하가 제를 올릴 준비를 하고 있는데 한 시간 먼저 일어난다든가 30분 뒤에 일어나면 일식 담당 관리는 엄벌에 처해졌어. 곤

장을 맞고 감방에 갇히는 건 당연한 거고, 때로는 목이 날아가기도 했지.

반면 아주 가끔이지만 일식 예측이 틀렸는데도 일식 담당 관리가 벌을 받기는커녕 상을 받는 웃지 못할 일이 일어나기도 했어. 관리가 오늘 정오에 일식이 일어날 걸로 예측했는데, 한 시간이 지나도, 두 시간이 지나도, 하루가 지나도, 일주일이 지나도, 심지어 한 달이 지나도 일식이 안 일어나는 거야. 그렇다면 이건 명백한 계산 실수라고 할 수 있잖아. 일식 담당 관리가 엄청난 죄를 지은 것이나 다름없었어. 하지만 임금과 신하들은 그렇게 생각하지 않았어. 임금의 정성에 하늘이 감동해서 일식이 일어나지 않은 거라고 여긴 거야.

🌙 임금이 일식을 무시하면

일식 예측을 잘못한 관리는 벌을 받기도 하고 때로 상을 받기도 했어. 그렇다면 일식을 무시한 임금은 어떻게 되었는지 알아보자.

고구려의 제6대 임금 태조왕의 이야기야. 태조왕은 굉장히 장수한 임금이야. 《삼국사기》에 따르면 119세까지 살았다고 해.

태조왕은 고구려 영토를 확장하는 데 힘을 썼어. 고구려를 나라다운 나라로 발전시킨 임금이기도 해. 태조왕 이전까지 고구려는 지방 부족의 힘이 중앙 정부 못지않게 큰 연맹 왕국*이었어. 왕은 늘 힘이 센 부족장을 의식하지 않을 수 없었지. 이런 상황을 깨뜨린 임금이 바로 태조왕이야. 태조왕은 부족을 통합하고 그 힘을 국력을 키우는데 쏟아부었어. 요서와 요동 지방을 공격해서 고구려의 영토를 넓혀나갔지. 태조왕의 이러한 업적에 큰 공헌을 한 사람이 있는데, 바로 동생인 수성이야.

수성은 권력욕이 강한 사람이었어. 그 당시 고구려 사람들은 태조왕의 뒤를 이어 왕이 될 사람은 마땅히 태조왕의 큰아들이어야 한다고 생각했어. 가문의 뒤를 장자가 잇는 것이 관례였으니까. 그런데 수성은 이것이 못마땅했지. 다음 왕은 나라에 큰 공을 세운 자신이 되어야 한다고 생각했거든.

수성은 한 해 두 해 형이 죽기만을 기다렸어. 그러나 태조왕은 동생의 바람과 달리 매년 건강하게 나랏일을 보았어. 결국 수성은 더는 기다릴 수 없다 판단하고 미유, 어지류, 양신 같은 부하들과 태조왕을 몰아낼 계획을 세웠어.

수성 태조왕은 늙었으나 돌아가시지 아니하고, 나도 이렇게 늙어 가니 더 이상 기다릴 수가 없다. 너희들은 나를 도와주기 바란다.

부하들 명령에 따르겠사옵니다.

＊**연맹 왕국:** 하나의 맹주국을 중심으로 여러 지방 부족이 연맹체를 이룬 국가이다.

부하들이 넙죽 고개를 조아리며 충성을 다짐하는데, 백고라는 사람이 홀로 앞으로 나와 이렇게 말했어.

백고 수성 나리께선 지금 상서롭지 않은 말을 하고 계시옵니다. 그런데도 부하란 자들이 바른말을 하지 못하고 명령에 따르겠다고만 하니, 이는 간사한 아첨일 따름입니다. 제가 감히 나리께 바른말을 드리고자 하는데 어떠하신지요?

수성 그대가 바른말을 해 준다면 귀하고 값진 약일 터인데, 어찌 막으리오. 어서 충언을 해 보시게나.

백고 수성 나리께선 큰 공을 세우긴 하셨으나, 간사한 무리를 이끌고 현명한 태조왕을 내쫓으려 하고 있습니다. 아무리 어리석은 사람도 이것이 불충이라는 것을 압니다. 나리께서 이런 마음을 바꾸고 효도와 순리대로 왕을 섬기면 태조왕께 왕위를 물려받으시겠지만, 그렇지 않으면 장차 화를 입으실 것입니다.

충언을 들은 수성이 아무 말이 없자, 부하 하나가 나서며 말했어.

부하 이 자가 이렇게 망언을 지껄이고 있으니, 우리 뜻이 누설될까 두렵습니다. 마땅히 이 자를 죽여 증거를 없애 버리는 것이 좋을 듯하옵니다.

수성은 부하들의 말대로 그의 목을 베었어.

태조왕은 수성이 자신을 몰아내려한다는 소식을 전해 들었어. 예전 같으면 노발대발하며 당장에 수성과 그 부하들을 잡아다가 목을 쳤을 거야. 그런데 아흔이 넘은 나이 때문이었을까? 태조왕은 왕위를 수성에게 넘기기로 결심했어. 그러자 태조왕의 충직한 신하인 고복장이 충언했어.

> **고복장** 수성의 사람됨이 잔인하고 어질지 못하니, 오늘 왕의 자리를 이어받으면 내일 태조왕의 자손을 해칠 것입니다. 태조왕께선 어질지 못한 동생에게 은혜를 베푸는 것만 아시지, 무고한 자손에게 후환이 미칠 일은 생각하지 못하고 계시옵니다. 부디 깊이 통촉하여 주시옵소서.

146년 12월 태조왕은 고복장의 충언을 멀리하고 왕위를 수성에게 넘겨주었어.

> **태조왕** 나는 너무 늙어서 나랏일을 보기엔 게을러졌다. 하늘의 운세는 너에게 넘어갔다. 너는 일찍부터 나를 도와 나랏일에 참여했고, 영토를 넓히는 데 큰 공을 세웠다. 신하와 백성의 소망을 채워 줄 수 있는 인물이 되었으니, 너에게 마음 편히 임금 자리를 물려줄 수 있게 되었다. 부디 성군이 되어라.

수성은 고구려의 임금이 되었고, 이 사람이 제7대 왕인 차대왕이야. 차대왕은 자신의 충복들을 권력 핵심부에 앉혔고, 고복장의 예언은 곧바로 현실이 되었어.

죽음을 예언한 고복장이 차대왕 앞에 나서며 말했어.

> **고복장** 슬프고 억울하다. 태조왕이 내 말을 듣지 않아 이런 지경에 이르게 된 것을 한탄하노라. 나는 이렇게 사는 것보다 차라리 죽는 것을 선택하겠다.

차대왕은 고복장을 죽이고 태조왕의 큰아들까지 죽였어. 이 소식을 들은 태조왕의 둘째 아들은 남의 손에 죽느니 차라리 스스로 죽겠다며 목을 맸지.

차대왕이 왕위를 이어 가던 149년 4월의 그믐날이었어. 또다시 천자에게 내리는 하늘의 경고가 나타났어. 일식이 일어난 거야. 차대왕은 황급히 천문을 맡아 보는 관리를 불러 물었어. 관리는 차대왕에게 바른말을 했다가 목이 날아간 사람이 한둘이 아니란 걸 익히 알고 있었지. 그래서 이렇게 말했어.

> **관리** 이는 임금의 덕이요, 나라의 복이옵니다.

158년 5월의 그믐날에도 일식이 일어났어. 차대왕은 이 역시 좋은 징조라 믿었지. 그리고 165년 정월의 그믐날에도 일식이 일어났는데 차대왕은 그동안 그랬던 것처럼 이번에도 대수롭지 않게 여겼어. 그런데 그해 10월, 차대왕은 부하의 칼에 찔려 죽고 말아. 그때 차대왕의 나이 95세였지.

차대왕의 일화는 일식 현상이 하늘이 천자에게 내리는 벌이라고 본 우리 선조의 믿음이 더욱 굳건해지는 계기가 되었어. 하늘이 일식 현상을 통해 정치를 잘하라고 세 번씩이나 경고를 주었는데, 이를 무시한 차대왕이 결국 부하의 손에 죽었다고 생각한 거야.

어떤 천문 현상보다 일식을 기이하고 상서롭게 여기고 상세하게 기록한 선조들의 마음을 조금은 알 것 같지 않니?

역사의 진실을 가리는 일식 통계

우리 선조는 천문 현상 중에서도 일식을 가장 중요하게 여겼어. 태양은 임금을 상징하는데, 그런 태양을 가리는 일식은 누가 봐도 그냥 지나쳐선 안 되는 현상이었거든.

《삼국사기》에는 일식 현상이 총 67회 기록되어 있어. 이 수치는 후대 임금에게 중요한 교훈을 남겼어. 정치를 잘못하면 하늘이 달이 태양을 가리는 엄청난 벌을 내릴 것이니 백성과 국가를 위해 바른 정치를 하라는 교훈 말이야. 그런데 역사책 속 일식 통계는 이런 교훈을 주는 것에만 그칠까? 물론, 아니야. 일식 통계는 역사적 사실의 진실 여부를 가리는 중요한 잣대가 되기도 해.

《삼국사기》는 고구려 차대왕의 재위 기간인 149년 4월의 그믐날, 158년 5월의 그믐날, 165년 정월의 그믐날에 일식이 일어났다고 전하고 있어. 이것이 과연 사실일까?

천문학이 발달하기 전까지는 달리 검증할 방법이 없으니 그냥 믿을 수밖에 없었어. 그러나 요즘은 사정이 달라졌어. 지금은 일식이 일어난 날의 기상 정보를 보면 어느 나라에 일식이 일어났고 다음번 일식은 언제 일어날 것이며, 우리나라에선 언제 일식을 볼 수 있는지 전부 알 수 있게 되었거든. 일식은 얼마든지 정확한 예측이 가능한 천문 현상이니까.

그렇다면 과거에 일어난 일식도 추측해 볼 수 있지 않을까? 아직 일어나지 않은 일식도 예측이 가능한데, 이미 일어난 일식을 왜 알아내지 못하겠어. 물론 간단한 계산은 아니지만 가능한 일이지.

계산한 날짜와 《삼국사기》의 기록이 일치하면 그날의 역사는 사실이 되는 거야. 그렇지 않으면 계산의 오류라기보다 《삼국사기》의 기록을 의심해 봐야 할 테지. 우리 선조가 남긴 일식 통계는 오늘날 역사책에 기록된 내용이 진실인지 아닌지 밝히는 주요한 근거 자료로 쓰이고 있어.

- 통일 신라 시대의 《민정문서》가 발견되었어
- 통일 신라 시대 마을의 크기는
- 인구를 구분했어
- 가축과 나무를 기록했어
- 우리나라 최초의 인구 조사 자료 《민정문서》

통일 신라 시대
평범한 백성의 생활은 어땠을까?

🏠 통일 신라 시대의 《민정문서》가 발견되었어

고구려, 백제, 신라가 치열하게 경쟁한 삼국 시대의 승자는 신라였어. 신라가 삼국을 통일시켰거든. 이 시기를 '통일 신라 시대'라고 해.

통일 신라 시대 왕과 백성의 삶의 모습은 모두 기록으로 전해지고 있어. 그러나 왕이나 귀족과 일반 백성의 기록에는 차이가 있어. 왕과 궁궐에 대해선 비교적 구체적으로 전해지고 있는 반면에 일반 백성의 삶은 그렇지 않았던 거야. 마을의 크기가 어느 정도였는지, 노비가 있었는지 없었는지, 있었다면 많았는지 적었는지, 어떤 가축을 키웠는지, 일반 백성도 말을 기를 수 있었는지, 마을 주변에는 어떤 나무를 심었는지 같은 상세한 정보는 알기 어려웠어.

그런데 1933년, 통일 신라 시대 일반 백성의 삶을 세세하게 살펴볼 수 있는 자료가 바다 건너 일본의 '쇼소인'이라는 곳에서 나왔어. 어떻게 된 일일까?

쇼소인은 일본의 유명한 불교 사원인 도다이사에 있는 한 건물이야. 일본 왕의 생활용품과 불교 의식에 사용되던 각종 물건, 옛날 지도와 고문서 등 역사적 사료의 가치가 높은 수천 점의 고대 유물이 보관되어 있는 곳이지.

그러던 1933년 10월의 어느 날, 쇼소인에 보관되어 있던 《화엄경론》이라는 책을 수리하던 중에 그 속에 끼워져 있는 종이에 글자가 적혀 있다는 사실을 알게 되었어. 이 종이의 글자를 분석해 보니 통

일본의 쇼소인

일 신라 5소경 중 하나인 서원경과 그 주변 촌락에 대한 이야기였어. 바로 《민정문서》였던 거야. 《민정문서》가 왜 일본으로 흘러들어 갔는지 정확히 알 수는 없어. 다만, 《화엄경론》을 보호하기 위해 폐지가 된 《민정문서》를 끼워 넣었을 것이라고 추측하고 있어.

《민정문서》는 《신라 촌락문서》, 《신라 장적》으로 불리기도 해. 가로 60센티미터, 세로 30센티미터 크기의 닥나무 종이로 만들어진 이 문서에는 오늘날 충청북도 청주 근방 네 개의 마을에 대한 내용이 적혀 있어. 네 개 마을 중 두 마을은 사해점촌과 살하지촌, 나머지 두 마을은 모촌이라고 불러. 사람 이름을 모를 때 모모 씨라고 하듯, 마을 이름을 몰라서 모촌이라고 부르는 거지.

🏠 통일 신라 시대 마을의 크기는

《민정문서》는 만들어진 지 1000년을 훌쩍 넘긴 오래된 문서여서 상태가 완벽하지 않았어. 불에 탄 흔적도 보이고, 썩어서 문드러진 부분도 있었지. 그래서 사라진 내용도 있고 잘 보이지 않는 글자도 있어. 그중에서 상태가 좋은 것은 네 개의 마을 중 사해점촌에 대한 부분이야.

사해점촌의 내용은 마을 크기를 얘기하는 것으로 시작해.

사해점촌을 조사하니, 마을 크기가 5725보이다.

'보'는 거리 단위야. 요즘은 거리 단위로 킬로미터와 미터를 사용하지만 옛날에는 보를 사용했어. 여기에서 우리는 통일 신라 시대에는 거리 단위로 보를 사용했다는 사실을 알 수 있지.

사해점촌의 크기를 제대로 알아보도록 하자. 5725보는 요즘 단위로 어느 정도쯤 될까? 보는 어른이 내딛는 발걸음의 폭을 말해. 발걸음의 폭은 사람마다 다르지. 폭이 큰 사람도 있고 작은 사람도 있어. 심지어 지역마다 다르고, 시대마다 달랐어. 그래서 보의 거리는 늘 똑같지 않았어. 여기서는 1보를 성인의 평균 보폭인 70센티미터로 잡

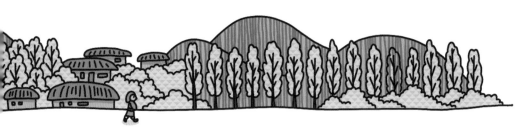

아 볼 거야.

1보가 70센티미터, 즉 0.7미터라면 5725보는 4007미터 정도 나와. 사해점촌의 둘레가 대략 4킬로미터가량 된다는 이야기야. 1보의 길이를 70센티미터보다 약간 짧게 잡으면 사해점촌의 둘레는 4킬로미터에 못 미칠 테고, 약간 길게 잡으면 5킬로미터에 가까워지겠지.

사해점촌을 통해 통일 신라 시대 마을의 둘레는 4~5킬로미터가량 되었을 거라 손쉽게 추측해 볼 수 있어. 물론 이것보다 큰 마을도 있을 테고 작은 마을도 있겠지만 평균적으로 보면 이 정도쯤 되었을 거라 짐작해 볼 수 있단 얘기지.

🏠 인구를 구분했어

《민정문서》는 사해점촌의 크기를 말한 다음, 사해점촌에 몇 가구가 사는지, 인구가 몇 명인지를 이야기하고 있어.

> **마을의 가구 수를 합하면 11호이고, 전부터 계속 살아온 사람과 3년 사이에 태어난 아이를 합하면 마을 인구는 145명이다.**

'3년 사이'라는 글귀가 나오는데, 여기에서 알 수 있는 건 무엇일까? 그래, 3년 전에도 이와 같은 조사를 했다는 사실이야. 한 발 더 나아가면, 통일 신라 시대에는 이러한 조사를 3년마다 실시했을 거라는 걸 미루어 짐작할 수가 있지.

사해점촌의 둘레는 4~5킬로미터 사이였어. 이 정도면 요즘 아파트 수십 동이 들어설 만한 크기야. 이렇게 넓은 땅에 고작 11가구가 살았으니 통일 신라 시대는 지금보다 인구가 훨씬 적었고, 그만큼 땅도 넓게 썼을 거라는 사실도 짐작해 볼 수 있겠다.

그리고 자료를 조금 더 분석해 보면 사해점촌의 한 가구에는 13명 남짓한 식구가 살았다는 것도 알 수 있어. 마을 인구수가 145명이고 가구 수가 11호였으니 한 가구당 13명 정도로 구성되었을 거야. 가족 구성원 수가 3명에서 4명인 요즘과 비교하면 엄청 대식구가 살았던 셈이네. 이만한 식구가 한 집에서 살려면 할아버지, 할머니, 아빠, 엄마, 삼촌, 고모, 이

모, 사촌에 아들딸의 자식까지 모두 함께 살았을 거야. 어느 집은 증손자와 증손녀도 함께 살았을 테고.

《민정문서》는 인구수에 이어서 사해점촌의 인구를 남자와 여자, 노인과 아이로 구분해 놓았어. 이뿐만 아니라 노비도 따로 수를 헤아려 기록했어. 인구수를 보면 여자의 수가 남자보다 훨씬 더 많아. 이유가 뭘까?

첫 번째 이유는 단순해. 여자가 남자보다 오래 살았기 때문이야. 노인을 보면 남자는 한 명도 없는데, 여자는 한 명이 있어. 역사학자들은 통일 신라 시대의 노인은 아마도 환갑을 맞는 나이인 60세부터였을 거라고 보고 있어. 요즘은 평균 수명이 늘어서 60세는 청춘이라고 하지만, 통일 신라 시대에는 그 나이까지 사는 게 정말 힘든 일이었던 거지. 그런데 여자의 평균 수명이 높은 것은 예나 지금이나 같네.

사해점촌 인구 통계

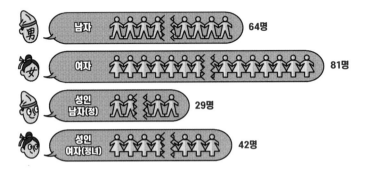

남자 64명
여자 81명
성인 남자(정) 29명
성인 여자(정녀) 42명

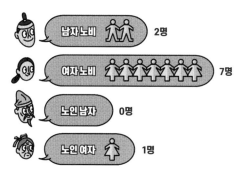

남자가 적었던 또 다른 이유는 **부역** 때문이야. 옛날에는 성인 남자라면 나라를 위해서 반드시 해야 하는 부역이라는 의무가 있었어. 성을 쌓는 공사에 동원되기도 하고 전쟁이 일어났을 때 군인으로 차출되기도 했지. 부역은 성인 남자의 평균 수명을 낮추는 주된 요인 중 하나였어. 공사를 하다가 돌에 깔려 사망하거나 전쟁에 나갔다가 살아 돌아온 사람이 많지 않았거든.

위의 그림에서 보면 성인 남자는 정(丁), 성인 여자는 정녀(丁女)라고 따로 구분을 해 놓았어. 여기서 정과 정녀는 세금을 내는 기준 연령층을 말해.

많진 않지만 노비도 있었어. 사해점촌은 왕족이나 귀족이 사는 곳이 아닌데도 노비가 있는 걸로 봐서 통일 신라 시대에는 백성도 한두 명의 노비는 데리고 있었다는 것을 추측해 볼 수 있어.

🏠 가축과 나무를 기록했어

《민정문서》에는 백성이 기른 동물의 종류와 마리 수도 기록되어 있어.

> 동물은 말과 소가 있다.
>
> • 말은 25마리가 있다. 22마리는 그전부터 있던 것이고, 3마리는 3년 사이에 늘어난 것이다.
>
> • 소는 22마리가 있다. 17마리는 그전부터 있던 것이고, 5마리는 3년 사이에 늘어난 것이다.

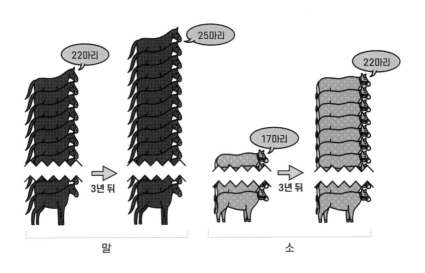

통일 신라 시대의 중심 도시는 지금의 경주와 인근 지역이야. 청주 지역인 사해점촌은 중심지와 거리가 먼 곳이었지. 중심과 멀리 떨어진 지역에서도 말과 소를 길렀다는 기록을 통해 우리는 통일 신라 시대에는 전국적으로 말과 소를 길렀다는 사실을 알 수 있어. 또 사해점촌에는 11가구가 살았고 말은 25마리, 소는 22마리가 있었으니 한 가구당 두 마리 정도의 말과 소를 길렀다는 사실도 알 수 있지.

요즘 농가에서는 돼지와 닭을 흔히 볼 수 있어. 그런데 《민정문서》에는 이런 동물의 기록이 보이지 않아. 키웠으면 분명 기록으로 남겼을 텐데, 자료가 없는 걸로 봐서 돼지와 닭을 키우지 않은 것으로 봐야 할 거야.

그런데 통일 신라 시대에는 왜 돼지와 닭을 기르지 않았을까?

통일 신라 시대에 가축을 기르는 이유가 지금과 달랐기 때문이야. 당시의 백성들은 말과 소를 잡아먹기 위해 기른 것이 아니야. 말은 타고 다니는 이동 수단으로 쓰기 위해서였고, 소는 농사짓는 데 이용하기 위해서 길렀어.

반면 돼지와 닭은 어때? 사람이 타고 이동하기도 어렵고, 농사를 짓는 데 사용하기도 쉽지 않지. 백성 입장에서 보면 키울 이점이 없는 동물이었던 거야. 또 통일 신라 시대에는 돼지와 닭이 요즘처럼 흔한 동물이 아니었기 때문에 키우고 싶어도 쉽게 키울 수 없기도 했고.

《민정문서》는 백성들이 심은 나무의 종류와 수도 기록하고 있어.

나무는 뽕나무와 잣나무와 호두나무가 있다.
• 뽕나무는 1004그루가 있다. 914그루는 그 전부터 있던 것이고, 90 그루는 3년 사이에 늘어난 것이다.
• 잣나무는 120그루가 있다. 86그루는 그 전부터 있던 것이고, 34그루는 3년 사이에 늘어난 것이다.
• 호두나무는 112그루가 있다. 74그루는 그 전부터 있던 것이고, 38 그루는 3년 사이에 늘어난 것이다.

뽕나무와 잣나무와 호두나무는 모두 열매가 열리는 나무야. 열매를 얻기 위해서 이런 나무를 심어 키웠다는 것을 짐작할 수 있어. 《민정문서》가 발견되기 전까지는 호두나무가 우리나라 고려 시대 충렬왕 때 들어온 걸로 알려져 있었어. 《민정문서》 덕분에 우리나라 호두나무의 역사가 통일 신라 시대로 올라가게 됐어.

그런데 《민정문서》는 무슨 용도로 작성한 것일까? 바로 세금을 걷기 위해서였어. 식구가 많고, 가축과 나무가 많은 집은 그렇지 않은 집보다 세금을 더 많이 냈지. 세금을 걷기 위해 상세히 작성한 《민정문서》 덕분에 통일 신라 시대 백성의 삶을 들여다볼 수 있게 된 거야.

우리나라 최초의
인구 조사 자료 《민정문서》

통계 조사 중 가장 대표적인 것은 인구 조사야. 인구 조사는 통계의 역사와 궤를 같이해 왔다고 볼 수 있어. 진정한 의미의 통계 역사는 인구 조사에서 시작했다고 보아도 무방하단 얘기지.

인구 조사는 국가가 생기면서부터 필연적으로 할 수밖에 없었어. 나라를 운영하려면 돈이 들어갈 데가 한두 군데가 아니야. 나랏일을 하는 관리에게 봉급을 줘야 하고, 관리가 일할 건물을 짓거나 백성들이 편하게 다닐 다리를 놓고, 길도 내야 하지. 또 가난한 사람을 위한 정책까지, 돈 들어갈 곳이 정말 많아.

이 돈을 어디에서 충당할까? 그래, 맞아. 백성에게 세금을 걷어서 채워야 했어. 그만큼 세금 걷는 일은 중요했어. 그러니 좀 더 정확하고 효율적으로 세금을 걷기 위해 전국 단위의 인구 조사가 꼭 필요했던 거야.

지금까지 밝혀진 바에 따르면, 우리나라에서 가장 오래된 인구 조사 자료는 통일 신라 시대의 《민정문서》야. 국가에서 실시한 전국적인 통계 조사의 시작은 이때부터였다고 볼 수 있어. 물론 고구려, 백제, 신라에서 작성한 인구 조사 문서가 새롭게 발견되면 우리나라 통계의 역사도 그때로 거슬러 올라가겠지.

인구 조사는 나라의 중요한 일이었기 때문에 임금의 허락 없이 관리가 하고 싶을 때 마음대로 할 수 있는 것이 아니었어. 인구 조사는 일반적으로 3년마다 하기도 하고 5년마다 하기도 하는데, 《민정문서》에는 3년 주기로 조사했던 자료가 담겨 있었던 거야.

요즘은 통계청에서 평균 5년에 한 번 인구 조사를 하고 있어. '인구 주택 총조사'라고 불리는 이 조사는 당연히 통일 신라 시대 때 조사한 것보다 더 많고 세세하게 조사를 하고 있어. 인구수를 비롯해 국민의 교육, 생활 수준, 살고 있는 집의 형태와 크기까지 훨씬 더 다양한 정보를 수집하고 있지. 이렇게 조사한 자료는 인구 실태를 파악하고, 세금을 걷는 등 정부가 나라를 운영하는 데 필요한 기초 자료로 활용되고 있어.

역사에 숨은 통계 이야기

고려의 부인을 임금님

- 왕은 왜 부인이 여럿일까
- 태조 왕건은 왜 유독 부인이 많았을까
- 고려의 두 번째 왕은 어느 부인의 아들이었을까
- 임금의 자리를 차지하려는 싸움이 벌어졌어
- 출산에 관한 통계 법칙

태조 왕건은
왜 부인을 29명이나 둔 걸까?

왕은 왜 부인이 여럿일까

요즘은 한 명의 남편에 한 명의 아내가 있는 **일부일처**를 당연하게 여기지. 대통령 같은 높은 지위에 있는 사람이라고 해도 이 원칙은 다르지 않아.

옛날에는 지금과 많이 달랐어. 권력이 있거나 돈이 많으면 아내를 여러 명 두기도 했거든. 한 남편에 여러 아내가 있는 **일부다처제**가 허용된 셈이지.

그렇다면 우리나라에서 아내를 가장 많이 둔 왕은 누구일까?

태조 왕건

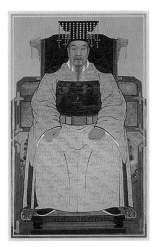

우리나라 역사에서 부인을 가장 많이 둔 왕은 고려의 **태조 왕건**이야. 왕건은 무려 29명의 아내를 두었지. 엄청나지? 왕은 그 시대의 최고 권력자이면서 최고 부자였어. 왕이 곧 나라나 마찬가지였으니까. 태조 왕건도 이런 이유로 그렇게 많은 부인을 두었던걸까?

고려 시대 왕의 부인 수를 좀 더 살펴보니, 부인을 5명 이상 둔 왕이 10명이나 되었어.

고려 시대 왕의 부인 수

그런데 고려 시대의 왕은 왜 부인을 여러 명 두었을까?

최고 권력자이자 최고 부자이니 원하는 것은 무엇이든 할 수 있었을 거라고 생각할 수도 있겠지만, 사실 왕들이 이렇게 많은 부인을 둔 데에는 의미심장한 이유가 있어.

왕의 집안인 왕가에서 가장 우려하는 것은 임금의 뒤를 이을 대가 끊어지는 거야. 사극에서 '후사가 없다'고 말하는 걸 들어본 적이 있을 거야.

고구려로 잠깐 돌아가서, 고구려의 차대왕은 태조의 왕위를 이어받을 두 아들 있었지만 임금이 되고 싶은 욕망에 두 조카를 살해하고 임금 자리를 차지했어. 왕위 계승자가 버젓이 있는데도 이러한 일이 벌어지는데 후사가 없으면 어떻게 될까? 임금이 죽기 전부터 왕위 쟁탈전이 스멀스멀 일기 시작하고, 임금이 죽고 나면 피비린내 나는 싸움이 본격적으로 벌어지게 될 거야.

왕가의 입장에선 절대로 일어나서는 안 되는 일이었어. 임금의 자리를 놓고 암투를 벌이는 일이 생기지 않게 하려면 어떻게 해야 할까? 그래, 맞아. 대가 끊어지지 않도록 부인을 여럿 두어서 아들 낳을 확률을 높이는 거였어. 이것이 고려의 왕들이 부인을 여럿 둔 진짜 이유지.

태조 왕건은 왜 유독 부인이 많았을까

역대 고려 왕의 부인 수를 보면, 5명의 부인을 둔 경우가 가장 많았어. 이게 무슨 뜻이겠어? 5명 정도의 부인만 있으면 대가 끊어질 일은 거의 일어나지 않는다고 보았단 뜻이야.

그런데 태조 왕건의 경우에는 부인이 많아도 너무 많아. 29명의 부인을 두었으니까. 부인이 5명인 왕보다 6배나 많은 부인을 둔 셈이야. 이걸 어떻게 해석해야 할까? 태조 왕건이 다른 왕에 비해 여자를 너무 사랑했기 때문일까? 태조 왕건이 부인을 이렇게나 많이 둔 데에는 후사를 걱정하는 것만큼이나 깊은 뜻이 있었어.

왕건이 고려를 세울 무렵의 정치 상황을 보면 임금의 힘이 지방 곳곳까지 제대로 미치기 어려웠어. 지방마다 **호족**이라고 하는 돈 많고 권력이 센 토착 세력이 임금과 다름없는 권세를 떨치고 있었거든. 왕건도 호족 집안 출신으로 그의 아버지는 송악(오늘날의 개성 지방)의 내로라하는 호족이었어.

호족의 위세가 이렇게 대단하다 보니 그들을 무시하고 나랏일을 수행하기란 거의 불가능했어. 호족과 등을 졌다간 임금 자리에서 쫓겨날 수도 있었지.

왕건은 이러한 상황을 돌파하기 위해 정략결혼을 선택했어. 호족 출신의 여인들과 결혼하기로 마음먹은 거야.

결과적으로 정략결혼은 왕건이나 호족 모두에게 이득을 가져다주었어. 왕건은 권세 있는 호족을 장인으로 두면서 든든한 배경을 얻었고, 호족은 임금을 사위로 맞는 영광을 얻었지. 태조 왕건이 29명이나되는 부인을 두게 된 데에는 지방으로 분산된 권력을 모아 왕권을 강화하려는 중대한 이유가 있었던 거야.

왕건 부인의 출신지

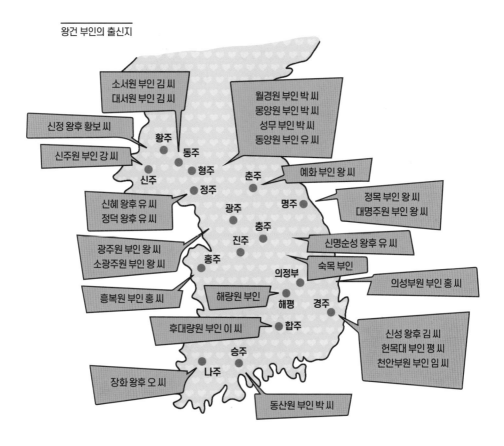

태조 왕건과 부인의 가계도

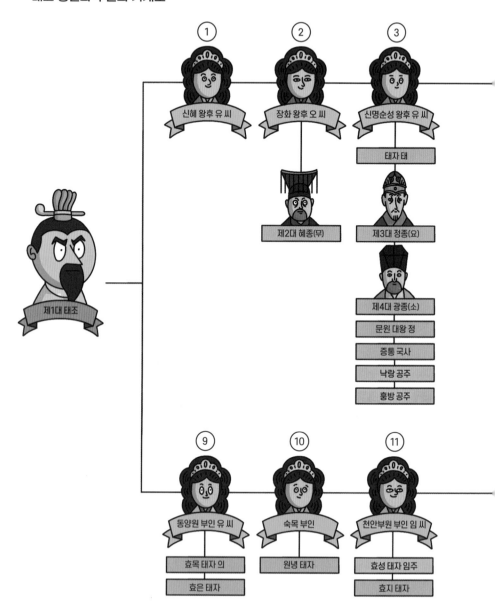

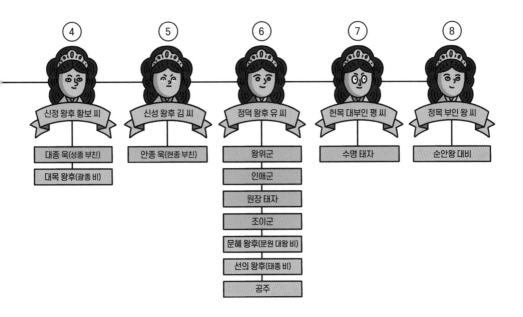

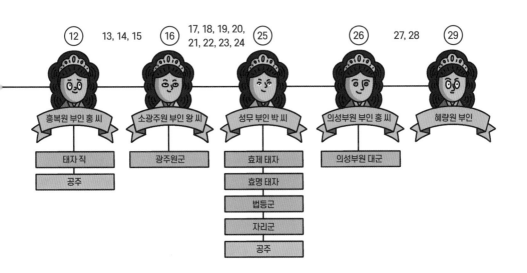

고려의 두 번째 왕은 어느 부인의 아들이었을까

　태조 왕건이 29명의 부인과 낳은 자식은 아들 25명, 딸 9명 모두 34명이야. 부인이 29명이란 걸 감안하면 자녀가 그다지 많은 편은 아니야. 그 이유는 자식이 없는 부인이 적지 않았기 때문이지. 태조 왕건의 첫째 부인도 자식이 없었어. 자식을 낳은 부인은 모두 14명이야.

　태조 왕건의 뒤를 이어서 임금 자리에 오를 사람은 첫 번째 부인 신혜 왕후 유 씨가 낳은 큰아들이어야 하는 게 순리였어. 그러나 신혜 왕후 유 씨는 자식을 낳지 못했기 때문에 두 번째 부인인 장화 왕후 오 씨가 낳은 아들이 왕이 되었어. 이 사람이 고려의 제2대 임금인 혜종이야.

　신혜 왕후 유 씨와 장화 왕후 오 씨는 태조 왕건이 임금 자리에 오르기 전에 결혼한 여인들이야. 이 중 신혜 왕후 유 씨는 경기도 큰 부잣집의 딸이었어. 권력 있는 호족 집안 출신이었지. 반면 장화 왕후 오 씨는 전라도의 평범한 집안 출신이었어. 태조 왕건이 전라도 나주 지역에 머무를 때 **완사천**이라고 하는 빨래터에서 옷을 빨고 있던 오 씨를 보고 반해서 결혼까지 하게 된 것이지. 장화 왕후 오 씨는 태조 왕건이 정략결혼을 하지 않은 유일한 부인이야.

　태조 왕건은 장화 왕후 오 씨가 낳은 아들 왕무를 일찍부터 자신의 뒤를 이를 임금으로 점찍어 두고 있었어. 그러나 막강한 호족들은 이를 달가워하지 않았어.

호족 미천한 집안 출신의 여인이 낳은 아들을 고려의 임금으로 세울 수는 없습니다.

태조 왕건은 때를 기다리며 왕무의 편을 하나둘 만들어 나가기 시작했어. 왕무를 지지하는 세력이 어느 정도 채워지자, 왕무의 편이었던 재상 박술희가 왕무를 후계자로 임명할 것을 건의했어.

태조 왕건은 기다렸다는 듯이 이를 받아들여 왕무를 태자로 책봉했고, 왕무는 태조 왕건이 죽은 943년에 고려의 두 번째 임금이 됐어.

임금의 자리를 차지하려는 싸움이 벌어졌어

태조 왕건의 강력한 뜻에 따라 왕무가 고려의 두 번째 임금이 되긴 했지만 진짜 갈등은 이제부터 시작이었어. 태조 왕건이 죽고 나자 그동안 숨죽이고 있던 왕무의 반대편 세력이 본격적으로 목소리를 높이기 시작한 거야.

그런데, 몇 번째 부인의 집안에서 가장 강하게 반발했을까?

세 번째 부인 신명순성 왕후 유 씨 집안에서 가장 크게 반발을 했어. 이유가 뭐냐고? 세 번째 부인이 가장 많은 자식을 낳았기 때문이지.

신명순성 왕후 유 씨는 태조 왕건이 임금이 된 후에 제일 먼저 정략결혼을 한 여인이야. 가장 먼저 정략결혼을 했다는 것은 무슨 뜻일까? 이 여인의 집안이 호족 중에서도 권세가 으뜸가는 집안이었다는 뜻이야. 신명순성 왕후의 집안은 충청도의 내로라하는 호족으로, 태조 왕건이 임금이 된 후에 가장 잘나가는 집안이었어. 그런데다가 신명순성 왕후 유 씨는 왕태, 왕요, 왕소, 왕정, 증통국사 이렇게 아들만 무려 다섯이나 낳았어.

아무리 권세가 높은 호족이라고 해도 임금에게 시집을 보낸 딸이 왕자를 낳지 못했다면 반발을 하고 싶어도 할 수가 없었을 거야. 이는 첫 번째 부인인 신혜 왕후 유 씨를 보면 잘 알 수 있어.

신혜 왕후 유 씨의 집안도 신명순성 왕후 유 씨만큼이나 위세가 높은 호족이었어. 장화 왕후 오 씨가 미천한 집안 출신이라는 것을 못마땅해하기는 신명순성 왕후 유 씨 집안의 생각과 다름이 없었지. 그렇지만 신혜 왕후 유 씨가 아들을 낳지 못한 탓에 나서서 반대를 할 수가 없었던 거야. 물론 대놓고 반대를 하지는 못했지만 혜종 쪽이 아닌 신명순성 왕후 유 씨 편에 서는 것으로 불편한 마음을 대신 표현했어.

이렇듯 막강한 반대 세력 때문에 혜종이 임금 자리에 오르는 길은 순탄하지 못했어. 임금이 된 후에는 하루하루가 더욱 살얼음판을 걷는 나날 같았어. 혜종의 편에 선 세력보다 반대편에 선 세력이 월등히 강했기 때문이야.

신명순성 왕후 유 씨 집안은 더욱 강력해진 힘을 등에 업고 혜종의 목을 조이기 시작했어. 혜종은 언제 자객이 들이닥칠지 모른다는 불안감에 침실을 옮겨 가며 매일 밤을 뜬눈으로 지새우곤 했지. 이러니 혜종의 스트레스가 얼마나 극심했겠어. 불안한 날들을 보내던 혜종은 급기야 병을 얻어 자리에 눕고 말았어. 그리고 임금 자리에 오른지 2년이 되던 945년에 서른네 살의 젊은 나이로 생을 마감했어.

혜종은 4명의 부인을 두었고, 큰아들 흥화군과 작은아들 왕제를 얻었어. 병석에 누워 죽어 가는 그 순간까지도 혜종은 자신의 장남 흥화군을 고려의 세 번째 임금으로 올리겠다는 뜻을 굽히지 않았어. 혜종의 반대편 세력은 당연히 이를 받아들이지 않았지. 반대하는 이유로 이렇게 말했어.

반대 세력 흥화군은 임금이 되기에는 아직 어립니다.

혜종이 사망하자, 또다시 혜종 편에 선 사람들과 반대편에 선 사람들 사이에 피바람이 불었어. 싸움의 승자는 모두가 예측한 대로 혜종의 반대편에 선 사람들이었어.

신명순성 왕후 유 씨 집안은 그토록 꿈꾸던 바를 이룰 수 있는 정치적인 명분을 마련하게 되었고, 실제로 고려의 세 번째 임금과 네 번째 임금을 연이어서 배출했어.

세 번째 임금은 신명순성 왕후 유 씨의 첫째 아들인 왕태가 되어야 했지만 왕태가 어린 나이에 사망한 탓에 둘째 아들인 왕요가 됐어.

이 사람이 고려의 제3대 임금인 정종이야.

정종은 임금이 되고나서 참회를 많이 했어. 임금 자리에 오르기 위해서 혜종 편에 선 사람을 너무 많이 죽인 것에 대한 참회였어. 신명순성 왕후 유 씨의 다섯째 아들이 증통국사라는 승려가 된 것도 이와 무관하지 않으리라고 봐. 막내아들의 이름은 전해지지 않고 승려가 되었다는 사실만 전해지고 있어.

집안의 죄가 너무 컸기 때문일까, 정종은 갑작스럽게 몰아친 번개와 천둥소리에 놀라 경기를 일으키더니 그만 병석에 눕고 말았어. 이후의 결과는 예측이 되겠지. 정종은 끝내 자리에서 일어나지 못하고 저 세상으로 떠나고 말았어. 임금 자리에 오른 지 3년 반 만에 일어난 일이야. 백성들은 정종 임금이 천벌을 받은 거라고 수군거렸어.

정종의 뒤를 이은 고려의 네 번째 임금은 신명순성 왕후 유 씨의 셋째 아들인 왕소가 되었어. 이 사람이 제4대 임금 광종이야.

혜종의 장남 흥화군은 정종과 광종 시대의 어느 사이에 죽임을 당하면서 정식 이름조차 남기지 못했어.

고려 임금의 부인이 몇 명이었는지 기록한 자료 덕분에 우리는 고려의 치열했던 왕위 다툼과 호족을 견제하려던 왕의 정치 전략까지 들여다볼 수 있었어. 역사책에 기록된 사소한 수치도 그냥 넘길 수 없는 이유야.

출산에 관한 통계 법칙

통계에는 출산과 관련된 중요한 법칙 하나가 있어.

통계 수치가 많을수록 아들과 딸의 출산 비율은 비슷해진다.

이게 무슨 말일까? 아들과 딸의 출산 비율은 조사하는 **표본 집단***의 수가 많을수록 비슷해진다는 뜻이야. 잘 생각해 봐. 어떤 집에는 아들이 셋 있고, 딸이 하나야. 또 어떤 집에는 딸이 둘 이고 아들은 없어. 이렇게 각 가정의 자녀 수만 놓고 본다면 아들딸의 비율이 제각각이야. 하지만 전국 적으로 통계 조사를 하면 아들과 딸의 숫자가 비슷해져. 고려 시대 임금이 낳은 아들과 딸에서 이를 확인해 보자..

태조 왕건은 29명의 왕비에게서 25명의 아들과 9명의 딸을 두었어. 아들

---

*표본 집단: 어떤 조사를 위해 선정된, 어떤 특성을 공유하는 집단.

이 딸보다 무려 3배 가까이 많아.

　태조 왕건만 본다면 출산에 관한 통계의 법칙에 들어맞지 않아.

　이번에는 부인이 5명 이상인 고려 임금들의 아들과 딸을 알아볼게.

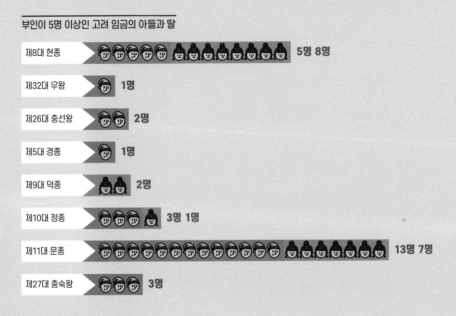

부인이 5명 이상인 고려 임금의 아들과 딸

제8대 현종	5명 8명
제32대 우왕	1명
제26대 충선왕	2명
제5대 경종	1명
제9대 덕종	2명
제10대 정종	3명 1명
제11대 문종	13명 7명
제27대 충숙왕	3명

　이들이 낳은 아들은 28명, 딸은 18명이야. 태조 왕건이 낳은 아들과 딸까지 합하면 아들은 53명, 딸은 27명이 돼. 아들과 딸의 비율은 1.96 : 1로, 아들의 비율이 2배가 안 되는 걸 알 수 있어. 3배에서 2배가 안 되는 비

율까지 떨어진 거야.

그럼 이번에는 5명 이하의 부인을 둔 고려 임금들이 낳은 아들과 딸을 알아볼까?

부인이 5명 이하인 고려 임금의 아들과 딸

임금		아들과 딸
제2대 혜종	😊😊 👧👧👧	2명 3명
제3대 정종	😊 👧	1명 1명
제4대 광종	😊😊 👧👧👧	2명 3명
제6대 성종	👧👧	2명
제13대 선종	😊😊 👧👧👧	2명 3명
제15대 숙종	😊😊😊😊😊😊😊 👧👧👧👧	7명 4명
제16대 예종	😊 👧👧	1명 2명
제17대 인종	😊😊😊😊😊 👧👧👧👧	5명 4명
제18대 의종	😊 👧👧👧	1명 3명
제19대 명종	😊 👧👧	1명 2명
제20대 신종	😊😊 👧👧	2명 2명
제21대 희종	😊😊😊😊😊 👧👧👧👧👧	5명 5명
제22대 강종	😊😊 👧	2명 1명

제23대 고종   2명 1명

제24대 원종   3명 2명

제25대 충렬왕   2명 2명

제28대 충혜왕   2명

제34대 공양왕   1명 3명

이들이 낳은 아들은 41명, 딸은 43명이야. 앞에서 나온 아들과 딸을 더하면 아들은 94명, 딸은 70명이야. 아들과 딸의 비율이 1.34 : 1로 1.5배 아래로 떨어졌어. 태조 왕건의 자식만 봤을 때 3배 가까이 갔던 비율이 이만큼 떨어진 거야.

이런 식으로 임금의 형제자매와 왕족 전체의 비율을 살펴보면 아들과 딸의 비율이 출산의 통계 법칙대로 거의 1:1에 근접할 거라는 것을 미루어 짐작할 수가 있어. 고려 시대의 아들과 딸의 수치가 오늘날 통계 법칙에 딱 들어맞는 게 신기하고 재미있지 않니?

고려와 《팔만대장경》

- 《팔만대장경》이란
- 왜 그때 《팔만대장경》을 제작했을까
- 《초조대장경》
- 1236년과 1237년의 차이는
- 1248년과 1251년의 차이는
- 《팔만대장경》의 미스터리

《팔만대장경》의 제작 연도와 마무리한 연도가

왜 기록마다 다를까?

▓ 《팔만대장경》이란

부처님은 보리수 아래에서 깨달음을 얻은 이후, 이 세상 사람들을 올바른 길로 인도하기 위해 다음과 같은 좋은 말씀을 많이 남기셨어.

- 나쁜 생각을 마음에 품은 채 말하고 행동하면 재앙과 고통이 지은 대로 따라온다.
- 비난하는 사람을 보물 지도처럼 귀히 대하라.
- 어리석은 사람은 비난하는 사람을 싫어하고 멀리하지만 지혜로운 사람은 비난하는 사람을 사랑하고 가까이한다.

부처님이 남긴 말씀과 제자들이 지켜야 할 규칙, 이를 체계적으로 연구한 글을 모두 합쳐서 《대장경》이라고 불러. 부처님의 가르침을 일컫는 말이기도 하지.

고려 고종 임금 때 《대장경》을 목판에 새겼는데, 목판의 수가 8만여 개에 이른다고 해서 이를 《팔만대장경》이라고 해. 우리나라 문화재청이 공식적으로 발표한 수치에 따르면 《팔만대장경》의 목판 개수는 8만 1258장이야.

《팔만대장경》을 고려 시대에 새겼고, 현재 보관하고 있는 곳이 경상남도 합천의 해인사여서 《해인사 고려 대장경》이라고도 해.

《팔만대장경》 목판

🗂 왜 그때 《팔만대장경》을 제작했을까?

삼국 시대를 알 수 있는 역사책으로 김부식의 《삼국사기》와 일연의 《삼국유사》가 있다면, 고려 시대를 알 수 있는 역사책으로 《고려사》가 있어. 《고려사》는 조선 시대 때 세종대왕의 명으로 김종서와 정인지가 지은 책이지.

《고려사》에 《팔만대장경》을 제작한 연도가 이렇게 나와 있어.

고종은 고려의 제23대 임금이야. 고종 23년과 고종 38년은 고종이 임금 자리에 오른 지 23년째와 38년째가 되는 해라는 뜻이야. 서기로 고치면 1236년과 1251년이야. 그렇다면 《팔만대장경》의 제작 연도는 1236년에서 1251년까지라는 얘기가 되지.

그런데 왜 이 시기에 그 방대한 양의 《팔만대장경》을 제작했을까?

고려 고종 임금 때는 몽골의 기세가 하늘을 찌르던 시절이었어. 유럽을 정복하고 중국까지 무너뜨린 몽골은 이내 한반도까지 손아귀에 넣으려는 뜻을 품고 있었어. 이제나저제나 쳐들어갈 기회를 노리고 있던 차였지. 그런데 때마침 몽골의 사신이 고려에 왔다 돌아가는 길에 살해당하는 끔찍한 사건이 벌어져. 몽골은 기다렸다는 듯이 이 사건을 침략의 구실로 삼았지.

몽골은 1231년, 장군 살리타이를 대장으로 하는 군대를 보내 고려를 침략했어. 이것이 **몽골의 1차 침입**이야. 몽골군은 파죽지세로 고종이 머무는 개경까지 이르렀고, 놀란 고려의 조정은 항복하고 몽골의

몽골 1차 침입 경로

몽골

여진

의주
귀주
철주
안북부
자주
서경
향주
동주
개경
광주
충주

요구를 받아들였지.

　　고려는 몽골에 황금과 보석을 바치고, 두 나라는 형제가 된다.

　몽골이 돌아가자, 고려의 조정은 두 갈래로 나뉘었어. 자존심은 상하지만 몽골과 친하게 지내며 전쟁을 피하자는 쪽과 오랑캐 몽골과 형제가 된다는 것은 말도 안 된다며 끝까지 전쟁을 하자는 쪽으로 나뉜 거야. 어느 쪽 의견이 이겼을까? 그래, 끝까지 전쟁을 하자는 쪽이었어.

　그러나 고려의 군사력으로 몽골을 상대한다는 것은 계란으로 바위 치기나 다름없었어. 누가 봐도 몽골의 승리가 뻔했지. 유럽까지 정복한 몽골의 군대를 이길 수 있는 나라는 전 세계 어디에도 없었으니까. 고려의 조정은 머리를 싸매고 묘안을 짜기 시작했고, 거기서 나온 해법이 수도를 임시로 개경에서 강화도로 옮겨 끝까지 싸우자는 것이었어. 강화도에 들어가려면 배를 이용해야 하는데, 말을 타고 대륙을 호령하던 몽골의 기마 부대는 말은 잘 다뤄도 배에는 익숙하지 않았거든.

　고려의 조정은 수도를 개경에서 강화도로 옮기고 몽골과 한 약속을 지키지 않았어. 몽골은 이를 괘씸히 여겼고 살리타이를 대장으로 한 군대를 보내 또다시 고려를 침략했지. **몽골의 2차 침입**이 일어난 거야.

고려 조정이 예상한 대로 몽골의 군대는 강화도로 들어오지 못했어. 몽골은 화풀이라도 하듯 온 나라를 쑥대밭으로 만들어 버렸지. 몽골군의 칼에 죽어 나간 백성이 부지기수였고, 몽골에 붙들려 간 부녀자와 백성은 또 얼마나 많았는지 셀 수조차 없을 지경이었어. 왕과 권력자들은 강화도로 몸을 피한 탓에 다치진 않았지만, 고려 백성은 지옥이나 다름없는 삶을 살 수밖에 없었어.

고려의 조정은 이 끔찍한 상황을 잘 알고 있었어. 불교 국가였던 고려는 부처님의 힘을 빌리기로 결정했지.

고려 조정 몽골군이 대군을 이끌고 쳐들어왔습니다. 고려의 조정은 수도를 강화도로 옮기면서까지 버티어 내고 있습니다. 이제 우리는 《대장경》을 새기기로 마음먹었으니 부처님께서는 부디 이 맹세를 받아 주시어 몽골군이 물러가게 해 주시길 바라옵니다.

이렇게 해서 고려 고종 임금 때 《팔만대장경》을 제작하게 된 거야.

《초조대장경》

고려의 조정이 《팔만대장경》을 제작하면 몽골군이 물러날지 모른다는 기대를 하게 된 데에는 앞선 역사의 경험 때문이었어.

고려에는 두 번의 큰 외침이 있었는데 하나가 몽골의 침입이었고, 또 하나가 거란의 침입이었어.

병약하고 무능했던 고려의 제7대 임금 목종은 여러 가지로 문제가 많은 임금이었어. 어머니 헌애 왕후가 대신 정치를 했거든. 한마디로 임금 자리에 올라선 안 되는 인물이었지.

1009년 2월, 장군 강조는 목종과 헌애 왕후 일파를 내쫓아 죽이고 태조 왕건의 손자이자, 제6대 임금 성종의 사촌 동생인 왕순을 임금 자리에 앉혔어. 이 사람이 고려의 제8대 임금인 현종이야.

몽골처럼 호시탐탐 고려를 침공할 구실을 찾고 있던 거란에게 이 사건은 호재였어. 거란은 고려에 사신을 보내 자신들의 뜻을 전했어.

고려 조정에 목종 살해 사건의 진상을 밝힐 것을 요구한다.

고려 조정은 거란의 요구를 일단 거절하고, 사신을 보내 정중히 양해를 구하려고 노력했어. 그러나 거란은 이를 받아들이지 않았어. 고려와 기어이 전쟁을 하겠다는 뜻이었지. 거란과의 전쟁은 피할 수 없는 일이 되어 버린 거야.

1010년 10월, 거란은 40만 대군을 이끌고 고려를 침공했어. 거란의 군대가 개경을 향해 다가오자, 현종은 몸을 피하기 위해 수도를 떠나 전라남도 나주까지 내려갔어. 현종이 나주까지 피난을 간 이유는 그곳이 개경에서 멀리 떨어진 곳이기도 하고 고려 왕실과 인연이 깊은 지역이었기 때문이야. 나주는 태조 왕건이 장군이었을 때 잠시 머물 렀던 곳으로, 혜종의 생모 장화 왕후 오 씨를 만난 곳이었거든.

거란군은 1011년 1월, 개경에 들어섰어. 임금이 떠나고 없는 개경 은 이미 수도가 아니었어. 거란군은 궁궐과 백성들의 집을 모조리 불 태우며 일주일가량 머문 뒤에 돌아갔어.

현종은 2월 중순에 개경으로 올라와서 불탄 궁궐을 복구했어. 또 거란과의 전쟁에서 공을 세운 사람을 표창하고, 거란에 협조한 사람 을 벌주었어. 그러고는 전쟁으로 어수선해진 상황을 수습하고 시름 에 빠진 백성의 마음을 달래기 위해 《대장경》을 목판에 새기는 작업 에 들어갔지. 이것을 《초조대장경》이라고 해. 우리나라에서 최초로 새긴 《대장경》이라고 해서 《초조대장경》이라는 이름이 붙었어. 《초조대장경》 새김 작업은 1031년에 1차로 마무리되었고, 고려 제13대 임금인 선종 4년(1087년)에 최종 완성되었어.

《초조대장경》 덕분인지 거란은 1018년에 다시 침공해 왔지만 고려에 대패했어. 거란 병사 10만 가운데 살아 돌아간 사람은 수천도 되지 않았으니까. 이때 등장하는 인물이 강감찬 장군이고, 거란군을 몰살시킨 전투가 그 유명한 **귀주대첩**이야. 거란은 이후 더 이상 고려에 쳐들어올 생각을 하지 않았어.

《초조대장경》은 대구 팔공산에 있는 부인사에서 보관 중이었는데, 1232년(고려 고종 19년) 몽골의 침입 때 불타 버렸어. 목판은 사라져 버리고 없지만, 인쇄된 《초조대장경》은 다행히도 남아 있어.

▨ 1236년과 1237년의 차이는

자, 그럼 다시 《팔만대장경》을 살펴보자. 《팔만대장경》 목판에는 제작 연도가 적혀 있어. 물론 아라비아숫자가 아니라 정유년, 무술년, 기해년 등으로 적혀 있지. 서기로 환산해 보면 《팔만대장경》을 처음 새기기 시작한 해는 1237년이야. 《고려사》에 기록된 제작 연도 1236년인데, 1년의 차이가 있어.

목판에 적힌 제작 연도와 《고려사》에 기록된 제작 연도가 다른 이유가 뭘까❓

《팔만대장경》을 어디에 새겼다고 했지? 그래. 목판에 새겼어. 그런데 이 목판을 고르고 준비하는 데에만 1년이 넘는 시간이 걸린다는 걸 알고 있니?

목판은 산과 들에 가서 그냥 손쉽게 줍거나 따올 수 있는 것이 아니야. 목판을 만들려면 나무를 베서 적당한 크기로 잘라야 해. 그렇다고 해서 아무 나무나 베고 자를 수 있는 것도 아니지. 목판을 만들기에 적당한 나무를 골라야 해.

목판으로 사용하기에 적당한 나무는 속이 너무 무르거나 딱딱해서는 안 돼. 무른 것은 글자를 새기기는 쉬워도 인쇄할 때 새긴 글자가 쉽게 뭉그러질 수 있고, 단단하면 글자 새기기가 어려워서 제작에 너무 오랜 시간이 걸리니까. 또 결도 일정하고 균일해야 해. 그래야 글자 새기기가 좋고, 인쇄할 때 글자가 정확히 찍혀 나오거든. 나무의 지름도 일정 크기 이상 돼야 했지. 목판의 크기도 중요하기 때문이야. 《팔만대장경》 목판의 실제 크기는 가로가 대략 68센티미터에서 78센티미터, 세로가 24센티미터이고, 두께는 약 3센티미터야. 이만한 크기를 통나무 형태로 잘라낼 수 있는 나무여야 《팔만대장경》의 목판으로 사용할 수가 있었던 거야.

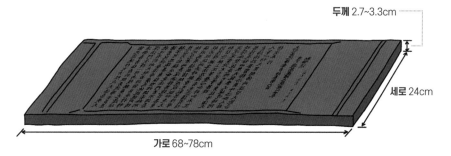

《팔만대장경》의 목판 크기

두께 2.7~3.3cm

세로 24cm

가로 68~78cm

    우리가 산에서 흔히 볼 수 있는 소나무는 이런 조건을 충족시키지 못해. 참나무, 느티나무, 잣나무, 밤나무, 물푸레나무도 조건에 어울리지 않기는 마찬가지였지.

    《팔만대장경》의 목판 재료로 어떤 나무를 어느 정도나 사용했는지 정확히 알 수 있는 자료나 기록은 전해지지 않아. 확실한 것은 앞에서 말한 나무들은 《팔만대장경》의 목판으로 사용할 수 없었다는 거야.

    요즘에 들어와서 전자 현미경으로 《팔만대장경》의 목판을 살펴보고 어떤 나무를 사용했는지 알게 되었어. 주로 사용된 나무는 산벚나무와 돌배나무였어. 《팔만대장경》 목판에 쓰인 나무의 종류와 비율을 자세히 살펴보면 다음과 같아.

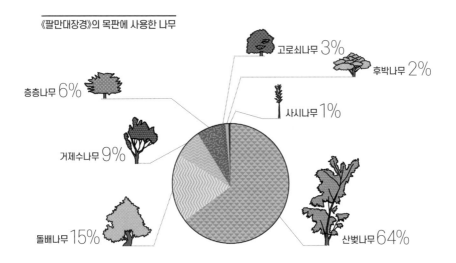

《팔만대장경》의 목판에 사용한 나무

고로쇠나무 3%

후박나무 2%

층층나무 6%

사시나무 1%

거제수나무 9%

돌배나무 15%

산벚나무 64%

산벚나무가 64퍼센트로 가장 많은 비중을 차지하고 그다음이 돌배
나무였어. 이외에도 거제수나무와 층층나무, 고로쇠나무 등이 사용
되었어.

이렇게 《팔만대장경》의 목판 재료로 쓸 나무를 고르는 일부터 만
만치가 않았어. 그러나 이것도 준비 과정의 하나일 뿐이었지.

나무를 선택한 후에는 나무를 베고 최소 1년 정도 쓰러져 있는 상태
로 내버려두어야 해. 나무의 숨을 죽이는 과정인데, 나무가 살아서 받
았던 온갖 스트레스를 없애는 과정이지. 나무에 따라 숨이 죽는 기간
은 조금씩 달라. 어떤 나무는 2년이나 3년 이상 시간이 필요하기도 해.
나무의 숨죽이는 과정이 끝났다면, 이제 또 다른 단계를 거쳐야 해.

《팔만대장경》의 목판을 만드는 과정

❶ 목판 크기에 맞게 나무를 자른다.   ❷ 목판을 소금물에 넣고 삶는다.

❹ 잘 마른 목판을 대패질로 매끈하게 해 준다.   ❸ 목판을 음지에서 천천히 말린다.

　《팔만대장경》을 새길 목판을 만드는 과정은 네 단계로 나눌 수 있어. 가장 먼저 나무를 목판 크기에 맞게 잘라야 해. 목판을 다 잘랐다면 이제 펄펄 끓는 소금물에 넣고 삶아. 나무속에 숨어 있는 벌레를 죽이기 위해서야. 만약 이 과정을 생략하고 넘어가면 목판이 오래

버티지 못하고 금방 썩고 말아. 목판을 충분히 삶았다면 꺼내서 그늘진 곳에 두고 천천히 말려. 빨리 말리겠다고 햇볕이 잘 드는 양지에서 말리면 목판이 쩍 하고 갈라질 수 있거든. 음지에서 느긋하게 바싹 잘 마른 목판을 대패질로 매끈하게 만들어 주면 튼튼하고 오래가는 목판이 완성되지.

《팔만대장경》의 목판 준비 과정만 왜 1년 이상 걸리는지 이제 좀 알겠지? 《팔만대장경》의 제작 연도를 목판에는 1237년, 《고려사》는 1236년으로 기록한 것은 기록의 옳고 그름의 문제가 아니라 목판 준비 기간까지 고려했느냐 아니냐의 차이였던 거야.

1248년과 1251년의 차이는

《팔만대장경》을 끝맺음한 연도는 어떨까? 목판에 적힌 끝맺음 연도는 1248년이야. 《고려사》에 기록된 끝맺음 연도는 1251년이지. 제작 연도와 마찬가지로 끝맺음 연도도 3년이나 차이가 나. 이걸 어떻게 해석해야 할까?

태조 왕건이 고려를 세우는 데는 무신의 공이 매우 컸어. 무신은 요즘으로 치면 군인이라고 할 수 있어. 그런데 왕건은 임금이 된 후에 무신보다 문신을 더 중용했어. 혹여나 힘이 더 세진 무신이 난리를 일으키지는 않을까 우려해서였지.

이런 분위기는 왕건이 죽고 난 후에 더욱 심해졌고, 어느 때부터인가는 문신이 무신을 무시하는 걸 당연하게 생각했어. 문신의 태도는 점점 도를 지나쳤고, 급기야 문신 김돈중이 대장군 정중부의 수염을 촛불로 태우는 사건까지 벌어져. 김돈중은 《삼국사기》를 지은 김부식의 아들인데, 과거에서 장원급제한 인물이야.

수모를 더 이상 참을 수 없었던 무신은 1170년, 정중부와 함께 난을 일으켰어. 그들은 김돈중을 비롯한 문신을 잡아 죽이고 고려의 제18대 임금인 의종을 남쪽으로 멀리 귀향 보냈어. 이것이 유명한 **정중부의 난**이야.

정중부의 난 이후 약 100년 동안 나라의 모든 일은 무신이 좌지우지하는데, 이 시기를 **무신 정권 시대**라고 해. 정중부에서 시작한 무신 정권은 경대승과 이의민을 거쳐 최충헌에 이르지.

정중부나 최충헌이나 나라를 쥐락펴락했지만 그들이 임금 자리에 직접 앉지는 않았어. 정중부는 의종을 폐한 자리에 의종의 동생을 앉혔어. 이 사람이 고려의 제19대 임금인 명종이야. 최충헌은 명종을 내쫓고 명종의 친동생을 제20대 임금 자리에 앉혀. 최충헌은 이후로도 무소불위*의 힘으로 21대, 22대, 23대 임금까지 자기 손으로 앉혔어. 무신 정권 시대의 임금은 이름뿐이었고, 나랏일은 '중방'과 '도방'이라는 기구에 모여 의논했어.

---

*__무소불위:__ 하지 못하는 일이 없다는 뜻의 사자성어이다.

그러다 1219년, 최충헌이 죽고 그의 아들 최우가 정권을 잡았을 때 몽골이 침입을 한 거야. 최우와 그를 지지하는 무신들은 강화도로 옮겨 끝까지 싸우자고 주장했어. 《팔만대장경》 제작을 기획하고 실행한 것도 최우였어.

1248년, 많은 이의 수고와 노력으로 드디어 《팔만대장경》의 목판이 완성됐어. 경사도 이만한 경사가 없으니 당연히 **낙성식**을 해야 했어. 낙성식은 완공이나 완성을 축하하는 행사를 말해. 이 중요한 낙성식에 《팔만대장경》을 계획한 최우가 당연히 참석해야 했는데, 그의 나이와 건강이 문제였어.

최우의 나이는 아직까지 정확하게 알려지지 않았어. 1166년생이라는 얘기도 있고 태어난 해를 모른다는 얘기도 있어. 만약 1166년생이라고 한다면 《팔만대장경》이 완성된 1248년에는 최우의 나이가 80세도 넘어. 환갑을 넘기기도 어려운 시절에 80여 년을 살았으니 건강이 좋았을 거라고 보긴 어려워. 어쩌면 걷기조차 힘들었을지도 몰라. 결국 낙성식은 최우의 건강이 좋아지면 하기로 하고 1248년은 그냥 넘어갔는데 이듬해에 최우가 사망을 한 거야. 고려의 최고 권력자가 죽었으니 그 해에 낙성식을 할 수는 없었겠지.

최우의 뒤를 이어 실권을 잡은 사람은 누구일까? 당연히 친자식이 잡아야겠지? 그런데 문제는 최우의 첫째 부인인 하동 정 씨가 아들을 낳지 못하고 딸만 둘 두었다는 거야. 여기서 불현듯 떠오르는 생각이 있지? 그래, 이번에도 살벌한 권력 투쟁이 벌어졌어.

최우는 둘째 부인인 대 씨 부인 사이에서도 자식을 보지 못했어. 하지만 그녀에게는 최우와 결혼하기 전에 낳은 오승적이라는 아들이 있었어. 대 씨 부인은 과부로 최우와 결혼했거든. 심지어 최우의 셋째 부인인 철원 최 씨도 아들을 낳지 못했어. 그런데 기생 서련방이 최우의 아들을 둘이나 낳았지 뭐야. 두 아들 중 장남은 승려가 됐고, 결국 차남인 최항이 최우의 뒤를 잇게 되었어.

첫째 부인 하동 정 씨가 아들을 낳아서 그 아들이 최우의 뒤를 이었다면 별 문제가 생기지 않았겠지만, 기생의 몸에서 난 자식이 실권을 잡았으니 이를 마땅치 않게 여긴 사람이 한둘이 아니었을 거야. 최항도 이를 잘 알고 있었고, 누가 자신의 자리를 가장 크게 위협할지도 잘 알고 있었어. 결국 최항은 대 씨 부인과 그의 아들 오승적을 죽이고 위협이 될 만한 인물들도 제거해 버렸어.

1251년 즈음이 되어서야 이런 살벌한 권력 투쟁이 일단락되고 정권이 어느 정도 안정이 되었어. 그래서 이 해에 낙성식을 했고, 《고려사》는 이때를 《팔만대장경》 완성의 해로 기록한 거지.

파란만장한 역사 속 진실을 《팔만대장경》 목판에 적힌 수치가 알려 주고 있어.

《팔만대장경》의 미스터리

　《팔만대장경》은 강화도에서 제작해서 경상남도 합천에 있는 해인사로 옮겼다고 알려져 있어. 그런데 많은 학자가 이 기록에 의문을 제기하고 있지. 강화도에서 《팔만대장경》을 제작하지 않았을 가능성이 있다고 보는 거야. 어떤 학자는 《팔만대장경》을 해인사 근처에서 만들었을 거라고 주장하고 있어. 이러한 의문의 근거는 다름 아닌 8만 장이 넘는 목판의 개수

때문이야.

《팔만대장경》목판의 평균 무게는 3.4킬로그램 정도야. 목판의 개수가 8만 1258장이니, 총 무게가 27만 6277킬로그램이나 된다는 거야.

28만 킬로그램에 달하는 목판을 고려 시대에 어떻게 옮길 수 있었을까? 당시의 이동 수단인 소달구지를 사용했을까?

소달구지 하나에 1톤(1000킬로그램)을 싣기도 어려워. 1톤의 절반인 500킬로그램을 싣기도 만만치 않지만 최대한 실었다고 가정했을 때, 대략 56만 대의 소달구지가 필요해.

그 당시에 이만큼의 소달구지가 있었을까? 당연히 없었어. 전국에 있는 모든 소를 합쳐도 50만 마리가 안 됐을 테니까. 설령 있었다고 해도 전국의 소달구지를 다 끌어다가《팔만대장경》목판을 나르는 데 쓸 수는 없었을 거야.

그래도 단언할 수는 없으니 56만 대의 소달구지가 있었고, 이것을 전부

《팔만대장경》을 나르는 데 투입했다고 가정해 보자. 그렇다면 또 다른 문제가 생겨. 소달구지를 끌려면, 소달구지마다 최소한 한 사람이 필요하거든. 당시 고려의 성인 남성 모두가 부역을 했어야 한다는 문제가 생겨.

어디 이뿐일까? 강화도에서 해인사까지 소달구지를 끌고 가려면 아무리 짧게 잡아도 한 달은 족히 걸려. 그동안 소달구지를 끄는 사람이 먹을 음식은 어떻게 공급하고, 소가 먹을 여물은 또 어떻게 충당했을까?

해인사까지 가는 길은 평탄치 않고 수없이 많은 고개를 넘어야 해. 덜커덩덜커덩 힘겹게 나아가는 중에 소달구지에 실은 목판은 이리저리 부딪치며 상할 수밖에 없었을 거야. 목판에 새긴 글자도 마모될 테고. 그러나 해인사에 보관된 《팔만대장경》 목판을 살펴보면 이런 흔적이 전혀 보이지 않아. 이러니 많은 학자가 《팔만대장경》을 강화도에서 해인사로 옮겼다는 기록에 의문을 갖는 것이 무리는 아니겠지.

소달구지 100대나 1000대로 여러 번에 걸쳐 실어 옮기는 방법도 생각해 볼 수 있지만, 이 또한 앞의 문제를 깨끗하게 해결해 주진 못해. 배에 실어 낙동강까지 옮기고 거기서부터 수레를 이용하는 방법도 마찬가지야. 과연 진실은 무엇일까?

한양 도성 복원

- 한양 도성 공사를 왜 추울 때 했을까
- 부역할 사람을 어느 지역에서 뽑을까
- 평안도와 함경도 백성은
- 한양 도성 1차 공사 이후
- 명당의 통계와 수도 한양

한양 도성 공사는
왜 하필 가장 추울 때 했을까?

🏯 한양 도성 공사를 왜 추울 때 했을까

　예전에는 나라를 세우고 수도를 정하고 나면 성곽을 쌓았어. 조선의 첫 번째 임금 태조 이성계도 조선의 수도를 한양으로 정한 다음에 성곽을 쌓았는데, 이 성곽의 이름을 **한양 도성**이라고 해.

　안타깝지만 오늘날 한양 도성은 온전히 남아 있지 않아. 완성했을 당시의 멋지고 위엄이 넘쳤던 모습은 산자락을 따라서 곳곳에 흔적으로만 남아 있을 뿐이지.

　자, 그럼 시간을 거슬러 한양 도성 공사가 막 시작된 초기 조선 시대로 가 보자. 태조 이성계는 도성 건설의 총책임자로 정도전이라는 사람을 임명했어.

정도전

　정도전은 태조 이성계가 고려를 무너뜨리고 조선을 세우는 데 혁혁한 공을 세운 인물이야. 조선 건국의 일등 공신이지. 정도전은 태조 이성계가 조선 초기 최대 규모의 건축 공사를 맡길 수 있을 정도로 신임이 두터운 데다가 여러 방면으로 학식이 넓고 깊은 사람이었어. 사실 정도전은 조선이라는 나라의 실질적인 설계자나 다름없었어.

　고려가 불교의 나라라고 한다면, 조선

은 **유교**를 숭상한 유교 국가였어. 정도전은 사람이 항상 갖추어야 하는 다섯 가지 도리인 **인**(어질고), **의**(의롭고), **예**(예의 있고), **지**(지혜로우며), **신**(믿음이 있어야 한다)을 바탕으로 유교 국가의 틀을 탄탄히 세우고 조선의 법률 체계를 마련했어. 임금과 중전, 왕자와 공주의 거처인 경복궁을 건축하는 일까지 해냈지. 경복궁은 '크나 큰 복을 누리는 궁궐'이라는 뜻인데, 이 이름을 지은 사람도 정도전이야. 궁궐의 주요 건물인 근정전, 강녕전, 연생전, 경성전, 사정전의 이름도 지었어.

정도전은 조선의 첫 번째 대규모 공사인 한양 도성의 공사 계획을 세우기 시작했어.

> 한양 도성 쌓기는 1396년 1월 9일부터 시작한다. 땅의 신에게 제를 올리고, 성 쌓기에 바로 들어가서 2월까지 마무리하도록 한다.

한양 도성 공사는 정도전의 계획대로 차질 없이 진행되었어. 1396년 1월 9일에 **개기**를 하고 바로 공사에 들어가서 49일 만인 2월 28일에 공사를 끝마쳤지. 개기는 '건물 지을 터를 연다'는 뜻인데, 옛날 사람들이 건물을 짓기 전에 사고가 일어나지 않게 해달라고 땅의 신에게 제사를 지내는 일을 말해.

이렇게 개기까지 지내며 한양 도성의 1차 공사를 무사히 끝마쳤어.

그런데 1월과 2월은 따뜻한 계절이 아니잖아. 이왕이면 날씨가 풀리는 따뜻한 봄철에 공사를 하면 좋았을 텐데 말이야.

왜 추울 때 공사를 한 걸까❓

여기에는 아주 중요한 이유가 있어. 추운 겨울이 지나고 3월이 되면 본격적으로 농사 준비를 해야 하기 때문이야. 당시 백성들에게 가장 중요한 일은 농사였어. 벼와 보리 같은 곡물을 심고 거두는 일이 제대로 이루어져야 삶이 풍요로워졌거든. 백성의 삶이 안정되어야 임금도 국가를 잘 다스릴 수가 있었고. 농사는 나라가 안정적으로 유지될 수 있도록 지탱해 주는 뿌리와 같은 산업이었던 거지. 농사가 천하의 큰 근본이라는 뜻의 **농자천하지대본**이라는 말이 생겨난 것도 이런 이유 때문이야.

정도전은 한양 도성 공사를 3월이 오기 전, 1월과 2월 사이에 마무리한다는 계획을 세우고 왕에게 허락받았어. 농사일로 가장 바쁜 **농번기**를 피해 계획을 세우는 것이 그만큼 중요한 결정이었던 셈이야.

🏛 부역할 사람을 어느 지역에서 뽑았을까

성을 쌓는 것을 축성이라고 해. 한양 도성을 축성하려면 사람이 필요했어. 요즘은 굴착기로 땅을 파고 크레인 같은 기구로 무거운 돌이나 흙, 물건을 옮기지. 건물을 짓는 데 기계가 많은 역할을 하고 있기 때문에 예전만큼 일손이 필요하지 않아. 하지만 조선 시대는 어땠을까? 축성을 하는 데 필요한 거의 모든 일을 사람의 힘에 의존했을 거야. 그렇다면 또 다른 궁금증이 생겨.

한양 도성을 축성하는 데 몇 명이 동원되었을까?

규모가 큰 공사이니, 모르긴 몰라도 적잖은 인원이 필요했을 거야. 《조선왕조실록》에 그 수치가 나와 있어.

> 한양 도성 축성에 동원된 인원은 11만 8070여 명이다.

역사학자들은 조선 시대 초기 한양의 인구가 10만 명가량 되었을 거라 추측하고 있어. 그렇다면 《조선왕조실록》에 기록된 수치는 한양 도성 축성에 한양 인구보다도 많은 인원이 동원되었다는 걸 알려 주고 있지. 이렇게 엄청나게 많은 백성이 온 힘을 합쳐서 공사를 한 덕분에 두 달도 채 안 되는, 49일 만에 도성 건설을 거뜬히 마칠 수 있었던 거야.

《조선왕조실록》은 한양 도성 축성에 동원한 백성이 어느 지역 출신인지도 밝히고 있어.

> **한양 도성 축성에는 부역의 의무를 진 성인 남자를 동원했다. 이들은 경상도와 전라도, 강원도와 평안도, 함경도에서 뽑았다.**

조선 8도란 말 들어 본 적이 있지? 조선 8도는 조선을 여덟 개의 도로 나누었기 때문에 생긴 이름이야. 지금의 북한 지역인 함경도, 평안도, 황해도와 남한의 경기도, 강원도, 충청도, 경상도와 전라도를 일컬어 조선 8도라고 하는 거지.

한양 도성 축성에 동원된 백성의 출신지를 보면, 황해도와 경기도와 충청도가 빠져 있어. 왜 전국에서 백성을 골고루 뽑지 않은 걸까? 황해도와 경기도와 충청도는 수도 한양에서 가까운 지역이어서 빼 준 걸까?

정도전은 한양 도성 건축 공사를 하기에 앞서 경복궁 공사를 먼저 진행했어. 한양 도성을 쌓는 것도 중요하지만, 임금과 그 가족들이 머물 궁궐을 짓는 공사가 더 중요하다고 보았기 때문이야.

경복궁 공사는 1394년 12월에 시작해서 1395년 9월 말에 끝났어. 한양 도성 공사를 1396년 1월부터 시작했으니 도성 공사 3개월 전에

경복궁 공사를 마무리한 셈이지.

경복궁 공사에도 당연히 인력이 필요했을 거야. 그럼 어느 지역 출신 백성이 이 공사에 참여했을까? 감이 조금 오니? 바로 황해도와 경기도와 충청도의 성인 남자들이었어. 경복궁 짓는 부역을 한 지 몇 개월 지나지 않았는데 그 지역 남자들을 또다시 불러서 한양 도성 공사에 부역을 하라고 하면 공평하지 않은 일이지. 황해도와 경기도와 충청도 백성이 임금을 원망하는 소리가 높아질 수밖에 없을 거야. 한양 도성 공사에 위 세 지역의 백성이 빠진 이유는 경복궁 공사 때문이었어.

🏯 평안도와 함경도 백성은

강원도니 충청도니 하는 조선 8도의 지명은 어떻게 지었을까? 그 도의 중요한 두 도시의 앞 글자를 따서 지었어. 이렇게 말이야.

강원도는 강릉과 원주의 앞 글자 **강**과 **원**을 따서 지었다.
충청도는 충주와 청주의 앞 글자 **충**과 **청**을 따서 지었다.
경상도는 경주와 상주의 앞 글자 **경**과 **상**을 따서 지었다.
전라도는 전주와 나주의 앞 글자 **전**과 **나**를 따서 지었다.
황해도는 황주와 해주의 앞 글자 **황**과 **해**를 따서 지었다.

평안도는 평양과 안주의 앞 글자 **평**과 **안**을 따서 지었다.

함경도는 함흥과 경성의 앞 글자 **함**과 **경**을 따서 지었다.

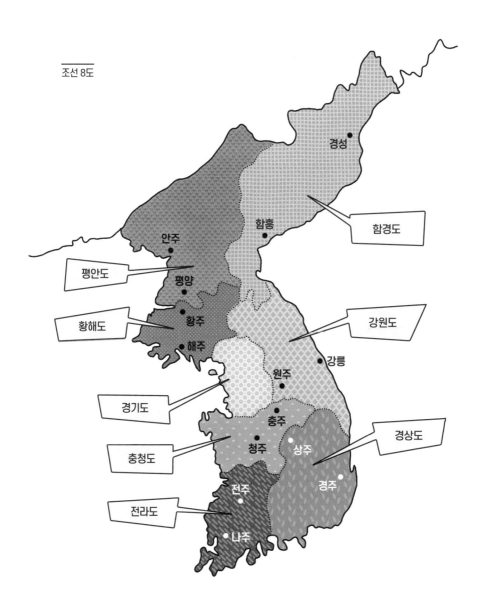

조선 8도

경성

함흥

함경도

안주

평안도

평양

강원도

황주

황해도

해주

강릉

원주

경기도

충주

경상도

청주

상주

충청도

전주

경주

전라도

나주

그런데 경기도는 예외였어. 경기도 지명의 역사는 고려 시대로 거슬러 올라가. 고려의 제6대 임금인 성종은 궁궐이 있는 개성 주위의 지역을 **경현**과 **기현**이라고 불렀어. 경현과 기현은 옛날부터 임금과 궁궐을 보호한다는 뜻이 담긴 단어로 알려져 있었거든. 경기도는 경현과 기현의 앞 글자를 따서 지은 거야.

조선 8도의 지명이 모두 확정된 것은 조선의 제3대 임금인 태종 때부터야. 태조 이성계 때는 평안도와 함경도의 지명이 정해지지 않은 상태였어. 그래서 평안도는 서북면, 함경도는 동북면이라고 불렀어. 평안도 사람은 서북면 사람, 함경도 사람은 동북면 사람이었지.

《조선왕조실록》은 한양 도성 공사에 동원된 백성을 언급하면서 평안도와 함경도에 대해서는 좀 더 구체적으로 기록하고 있어.

> 평안도에서 뽑은 백성은 평안도 안주 이남 사람이고, 함경도에서 뽑은 백성은 함경도 함흥 이남 사람이다.

이 말은 무슨 뜻일까? 평안도 백성 중에서도 안주 지역보다 북쪽에 사는 백성은 뽑지 않았고, 함경도 백성 중에서도 함흥 지역보다 북쪽에 사는 백성은 뽑지 않았다는 얘기야. 왜 그랬을까?

평안도와 함경도 북쪽으로 올라가면 두 개의 강이 나와 평안도 이

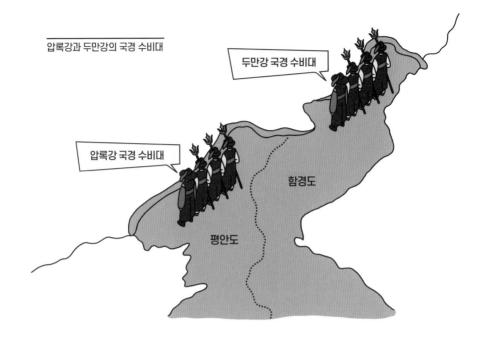

압록강과 두만강의 국경 수비대

두만강 국경 수비대

압록강 국경 수비대

함경도

평안도

북은 압록강이 서쪽으로 흐르고, 함경도 이북은 두만강이 동쪽으로 흐르며 땅을 가르고 있지. 이 강은 조선의 국경이기도 했어. 국경이니 수비를 튼튼히 해야 했을 거야. 압록강과 두만강 너머에서 호시탐탐 기회를 엿보는 오랑캐가 우리 국경을 넘어 약탈해 가지 못하도록 막아야 했어. 그러자면 국경 수비를 튼튼히 할 병력이 필요한데, 이를 평안도 안주 이북과 함경도 함흥 이북에 사는 백성들이 맡아서 했던 거야. 그래서 한양 도성 공사에 이 지역 백성을 차출하지 않은 거지.

🏯 한양 도성 1차 공사 이후

성은 흙으로도 쌓고, 돌로도 쌓아. 흙으로 쌓는 성을 **토성**, 돌로 쌓은 성을 **석성**이라고 하지. 한양 도성은 흙과 돌을 적절히 배합해서 쌓았어. 산자락 주위에는 석성을 주로 쌓았고, 그 외의 지역은 토성으로 쌓았지. 토성은 석성에 비해 약해서 비가 오거나 지하수가 올라오면 쉽게 무너져 내렸어. 그런데 공사를 마친 지 몇 개월이 안 되어서 한양 도성 곳곳에 이런 징후가 나타나기 시작했어. 그래서 보수 공사도 하고, 1차 공사에서 다 끝내지 못한 동대문 구역도 마무리할 겸 한양 도성 2차 공사를 진행했어. 2차 공사는 1차 공사를 한 해의 8월과 9월, 49일 동안 7만 9400여 명의 인원을 동원해서 마무리했어. 이로써 한양 도성의 기본 골격이 완성됐어.

2차 공사에서 한양 도성을 복구했다고 하지만, 토성이 무너지는 문제가 완전히 해결된 것은 아니었어. 물에 취약한 토성의 특성상 비가 오면 언제든지 다시 무너질 수 있었거든. 한 해 두 해 지나면서 이런 예상은 현실이 됐어. 토성이 또다시 무너져 내리기 시작한 거야. 한양 도성은 점차 제 모습을 잃어 갔고, 그때마다 신하들은 임금에게 보고를 올렸어.

> **신하①** 며칠 동안 내린 폭우로 무너진 토성 구간이 있사옵니다.
>
> **신하②** 홍수로 강물이 범람하여 토성 일부가 사라졌사옵니다.

신하 ③ 올겨울 한파로 토성 곳곳이 갈라졌사옵니다.

이런 보고가 올라올 때마다 한양 도성은 보수 공사로 몸살을 앓았어. 세종대왕은 이를 늘 안타까워했어.

세종대왕 보수 공사는 땜질밖에 되지 않는다. 언제까지 이런 식으로 보수 공사를 할 것인가. 비가 내리고, 홍수가 나고, 한파가 이어져도 제 모습을 견실히 유지하는 한양 도성을 보고 싶다. 문제는 토성에 있으니, 이참에 토성을 허물고 석성으로 대체하는 대대적인 공사를 하도록 하라.

이때가 세종대왕이 임금 자리에 오른 지 4년째 되던 1422년이었어. 공사는 한양 도성의 1차 공사 때와 마찬가지로 1월과 2월에 진행했고, 동원한 인원은 1차 공사의 3배에 이르는 32만여 명이었지. 이때는 한양 도성 1차 공사에서 빠진 황해도와 경기도와 충청도에서도 부역할 백성을 뽑았어. 결국 백성들의 노력으로 한양 도성은 홍수와 한파에도 끄떡없는 견고한 도성이 되었어.

한양 도성 공사가 농번기를 피해 1월과 2월에 진행되었다는 점과 짧은 기간에 큰 공사를 마치기 위해 인력을 전국에서 고루 뽑았다는 자료는 백성의 시름을 최소화하기 위한 배려였음을 말해 주고 있어.

명당의 통계와 수도 한양

태조 이성계는 수도를 왜 한양으로 정했을까?

위화도 회군*으로 고려를 무너뜨리고 조선을 건국한 태조 이성계에게 새로운 수도를 정하는 것만큼 중요한 일은 없었어. 그런데 수도는 아무 곳에다 정할 수 있는 게 아니었어. 흔히 '명당'이라고 하는 곳을 찾아야 했지.

이성계는 풍수지리를 연구하던 풍수사와 함께 명당과 그 주변의 지형 조건을 일일이 다 검토했어. 풍수사는 왕의 명을 받고 강원도를 시작으로 경상도, 전라도, 충청도 등을 다니며 명당을 찾았어. 이뿐만 아니라 고구려, 백제, 신라의 수도는 물론 고려의 수도까지, 그동안 앞선 시대에서 중요한 역할을 했던 도시의 모든 자료를 검토했지. 명당의 통계 자료를 만들어 분석한 거야.

***위화도 회군:** 고려 말 1388년에 요동 정벌에 나선 장수 이성계가 압록강 위화도에서 군사를 돌려 정변을 일으키고 권력을 장악한 사건이다. 조선을 세우는 데 기반이 되었다.

- 고구려의 수도였던 평양은 대동강이 흐르고, 주변에 넓은 평야가 있다.
- 백제의 수도였던 공주는 계룡산이 있고 금강이 흐른다.
- 신라의 수도였던 경주는 낮지만 여러 산으로 둘러 싸여 있으며 형산강이 흐른다.
- 고려의 수도였던 개경은 송악산이 있고 예성강과 임진강이 흐른다.
- 한양은 네 면이 산으로 둘러싸여 있으며 한강이 흐른다.

 태조 이성계는 여러 자료를 분석한 후에 명당 주위로 큰 강이 흘러야 하고 네 개의 산으로 둘러싸여 있어야 한다는 결론을 내렸어.

 이러한 조건에 딱 들어맞는 지역은 다름 아닌 한양이었어. 한양은 한강이라는 큰 강이 흐르고 있는 데다가 북쪽에 북한산, 남쪽에 관악산, 동쪽에 용마산, 서쪽에 덕양산이 자리하고 있거든.

 이것만으로도 이미 충분한 조건을 갖추었는데 이 네 개의 산 앞으로 남쪽의 남산(목멱산), 동쪽의 낙산(타락산), 서쪽의 인왕산, 북쪽의 북악산(백악산)까지 자리를 잡고 있어. 한양은 그야말로 태조 이성계가 원한 명당 중의 명당이었던 셈이지.

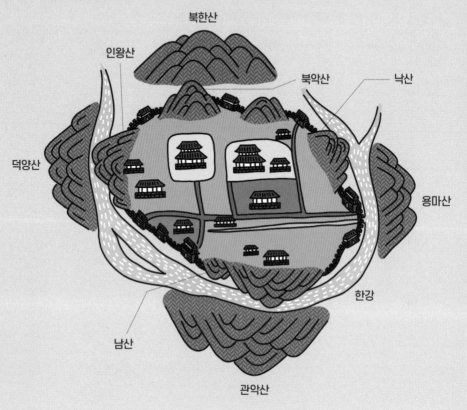

한양 도성을 둘러싼 산

북한산

인왕산

북악산

낙산

덕양산

용마산

한강

남산

관악산

이순신 장군과 명량 해전

- 왜 12척이었을까
- 명량으로 유인하라
- 명량에서 일자진 전술을
- 명량의 지형 조건
- 명량 해전은 통계 해석의 빛나는 승리

이순신 장군은 어떻게 12척의 전투선으로
수백 척의 왜군을 물리칠 수 있었을까?

🛳 왜 12척이었을까

우리나라 최고의 **장군** 하면 떠오르는 사람이 있니? 아마 많은 사람이 이순신 장군을 떠올릴 거야.

이순신 장군이 이끄는 해군은 임진왜란 때 참여한 모든 전투에서 승리를 했어. 심지어 도저히 이길 수 없을 것만 같았던 상황에서도 승리를 거두었어. 그 전투가 바로 **명량 해전**이야.

명량 해전을 치를 당시 이순신 장군과 왜군의 전력은 그야말로 하늘과 땅만큼이나 차이가 났어. 이때 상황은 명량 해전을 앞두고 이순신 장군이 쓴《난중일기》에 나타나 있어.

> 헤아릴 수 없을 만큼 많은 왜군의 전투선이 구름 떼처럼 몰려오고 있다.

여기서 '헤아릴 수 없을 만큼 많은' 것은 명량 앞바다를 다 채우고도 남을 정도의 수였는데, 역사책에는 적게는 2~300척, 많게는 1000여 척에 이른다고 기록되어 있어. 그 수치가 정확하지는 않더라도 명량 해전이 12척 대 수백 척의 싸움이었던 건 확실해.

그런데 이순신 장군이 이끄는 배는 왜 12척밖에 되지 않을까 ?

걸출한 인물은 예나 지금이나 시기와 질투의 대상이 되는 법이지. 임진왜란 때 이순신 장군만큼 뛰어난 인물은 조선 어디에도 없었어. 이순신 장군은 왜군이 두려워하는 경계 대상 1호였으며, 이순신 장군이 가는 길 곳곳에 백성들이 몰려나와 이순신 장군을 연호할 정도로 백성의 신망이 두터운 인물이었지.

조선 조정에는 이런 이순신 장군을 모함하고 함정에 빠뜨리고 싶어 하는 정치인이 한둘이 아니었어. 그러던 어느 날, 그들에게 기회가 찾아왔어. 선조 임금이 왜군이 흘린 거짓 정보를 그대로 믿고 이순신 장군에게 이런 명령을 내린 거야.

> **선조** 왜군의 전투선이 부산으로 향한다는 비밀 정보가 있으니 삼도 수군통제사 이순신은 서둘러 그리로 가서 왜군을 무찌르도록 하라.

삼도 수군통제사에서 '삼도'는 조선의 세 도를 일컫는 말로, 충청도 전라도, 경상도를 말해. '수군통제사'는 지금으로 치면 해군 사령관을 뜻하지. 그러니까 삼도 수군통제사는 바다와 닿아 있는 충청도, 전라도, 경상도 수군을 총괄하는 해군의 최고 사령관이라는 뜻이야. 삼도 수군통제사는 임진왜란 때 수군의 작전 지휘를 원활하게 하기 위해서 설치한 관직으로, 이순신 장군이 첫 번째 삼도 수군통제사였어. 이순신 장군은 임진왜란의 해상 전투에서 단 한 번도 패하지 않은 혁혁한 공로로 삼도 수군통제사 자리에 올랐어.

그건 그렇고 이순신 장군이 왕의 명에 따라 순순히 부산으로 갔을까? 아니. 이순신 장군은 부산에 가지 않았어. 선조가 입수한 정보가 왜군이 흘린 거짓이라는 것을 직감했기 때문이야. 결국 이순신 장군의 옳은 판단으로 우리 군은 큰 피해를 면했어. 그럼 칭찬을 해 줘도 모자를 판에, 이순신 장군을 모함하려는 세력들은 오히려 이를 이순신 장군을 제거할 절호의 기회라 판단했어. 그들은 이순신 장군이 다음과 같은 네 가지 죄를 저질렀다고 억지 주장을 펼쳤어.

첫 번째 조선의 조정을 속이고 임금을 업신여긴 죄
두 번째 적을 쫓지 않았으니 나라를 등진 죄
세 번째 남의 공을 가로채고 남을 모함한 죄
네 번째 임금이 불러도 오지 않은 방자한 죄

선조 임금은 이러한 반대 세력의 주장을 기다리기라도 했다는 듯 그대로 받아들였어. 이를 두고 많은 역사학자가 선조 임금도 이순신 장군을 그리 좋게 보지 않았을 거라고 이야기하고 있어.

선조 이순신을 삼도 수군통제사에서 물러나게 하고, 그를 당

장 한양으로 끌고 와 철저히 심문하도록 하라!

　이순신은 1597년 2월 26일 한산도에서 체포되어 한양으로 압송됐어. 이 소식을 전해 들은 백성들은 남녀노소 불문하고 이순신 장군이 지나는 길목에 나와 울부짖었어.

　3월 4일이 되어서야 한양에 도착한 이순신 장군은 **의금부** 감옥에 갇혀 온갖 모진 고문을 받아 거의 죽을 지경에 이르렀지. 이러한 상황을 안타깝게 보던 김명원과 정탁 같은 충신의 목숨을 건 간곡한 호소로 가까스로 목숨을 건질 수가 있었어.

　4월 1일, 이순신 장군은 **백의종군***을 명받고 풀려나와 고문으로 만신창이가 된 몸을 겨우겨우 이끌며 남해로 향했어. 4월 5일에 고향인 충남 아산에 도착했어. 고향집에 머물면서 어머니를 기다리던 장군에게 청천벽력 같은 소식이 날아들었어. 아들이 석방되었다는 얘기를 듣고 여수에서 급히 올라오던 어머니가 배에서 운명했다는 전갈이었지. 이순신 장군은 어머니의 시신을 받아들고 땅을 치며 통곡했어.

　조선 시대에는 부모님이 돌아가시면, 삼년상이라고 해서 부모 곁에서 3년 동안 정성껏 예를 다해야 했어. 하지만 백의종군을 해야 하는 이순신 장군은 이마저도 다하지 못하고 곧바로 남쪽으로 발걸음을 옮겨야 했지.

***백의종군**: 흰 옷을 입고 군대를 따라간다는 뜻으로, 벼슬도 없이 전쟁터로 가는 것을 말한다.

7월 18일에 이순신 장군은 다시 한번 통탄할 만한 소식을 전달받아. 삼도 수군통제사 원균이 이끈 조선 함대가 칠천량 해전에서 왜군에게 대패했다는 소식이었어. 이순신 장군이 그토록 자랑스러워하던 거북선 3척이 모조리 부서졌고, 120여 척의 전투선 중 겨우 12척만 살아남았어. 이때 사망한 조선 수군은 1만 명을 웃도는 것으로 알려져 있어. 조선 수군이 거의 전멸한 거나 다름없었지. 이순신 장군은 또다시 목 놓아 울었어.

이순신 장군이 명량 해전을 앞두고 동원할 수 있는 전투선의 수가 고작 12척밖에 안 되었던 것은 이러한 가슴 아픈 이야기가 있었어.

🚢 명량으로 유인하라

칠천량 해전의 대패 소식은 조선 조정에도 바로 전달됐어. 사태가 급박해지자 선조는 이순신 장군을 다시 삼도 수군통제사에 임명했지. 그리고 덧붙이길 해상 전투를 포기하고 수군을 데리고 육지로 올라와서 권율 장군과 함께 싸우라는 명을 내려. 이에 이순신 장군은 다음과 같은 답장을 올렸어.

왜군이 임진년에 쳐들어오고 나서 충청도와 전라도로 단 한 번도 바로 침입하지 못한 까닭은 우리 수군이 길목을 튼튼히 지키고 있었기 때문입니다. 저에게는 아직 열두 척의 배가 남아 있습니다. 죽을힘을 다해 싸운다면 아직도 해 볼 만하다고 생각합니다. 그런데 해상 전투를 포기하고 육상 전투에 전념하라고 하시면, 이는 왜군이 천 번만 번 다행으로 여기는 일일 것이옵니다. 그뿐만 아니라 그렇게 되면 왜군이 충청도를 거쳐 한강까지 바로 갈 수 있을 터인데 저는 이것이 걱정되옵니다. 전투선의 수는 비록 많지 않지만, 제가 죽지 않고 살아 있는 한 왜군은 감히 우리를 업신여기지 못할 것입니다.

이순신 장군이 나라를 걱정하는 마음은 선조보다 더하면 더했지 결코 덜 하지 않았어. 그러나 천하의 이순신 장군이라도 왜군과 정면 승부로는 승산이 없었어. 12척으로 맞대응하여 수백 척을 눌러 이긴 다는 것은 누가 봐도 어려운 일이야. 솔직히 불가능에 가까운 싸움이라고 봐야 했어. 이순신 장군도 이를 모르지 않았고, 조선의 조정도 상황을 잘 알고 있었기 때문에 해상 전투를 포기하고 육지로 올라와서 육상 전투에 전념하라고 한 거었어.

이순신 장군에게 바람 앞의 등불처럼 위기에 빠진 나라를 구할 묘안이 필요했어. 이번 위기를 넘기지 못하면 조만간 나라가 무너질 것

은 불을 보듯 뻔했으니까. 하지만 12척으로 수백 척을 이길 수 있는
묘안이 쉽게 떠오르지 않았어.

어란포, 벽파진, 명량

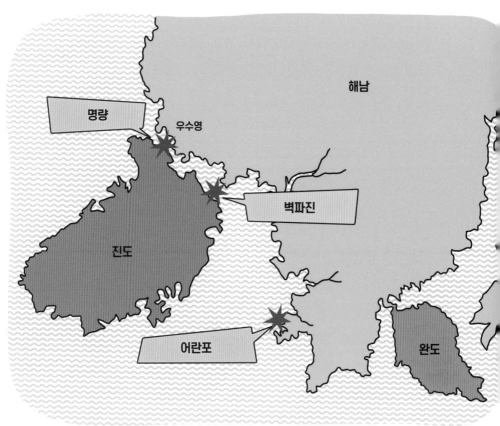

이순신 장군은 나라의 운명이 곧 꺼질지 모른다는 불안감에 좀처럼 잠을 이룰 수가 없었으나 포기란 있을 수 없었지. '죽으려 하면 살고, 살고자 하면 죽는 법'이라는 각오로 결의를 다졌어.

얼마의 시간이 흘렀을까, 불현듯 생각 하나가 떠올랐어. 이순신 장군은 서둘러 지도를 펼치고 지도에 손가락을 짚어 가며 싸움을 계획했어. 가장 먼저 짚은 곳은 '어란포'였어. 지금의 전라남도 해남 지역에 위치한 땅이야. 두 번째로 짚은 곳은 '벽파진'이었어. 지금의 전라남도 진도에 위치한 곳이야. 이순신 장군의 손가락이 세 번째로 짚은 곳은 바로 '명량'이었어.

명량은 흔히 울돌목이라고 불리는 곳으로, **해협**이야. 해협은 양옆으로 육지가 가까이 있고, 두 바다를 연결하는 물길의 통로를 말해. 전라남도 진도군 군내면 녹진리와 해남군 문내면 학동리의 땅이 양옆으로 늘어서 있고, 서해와 남해를 잇는 물길의 통로가 **명량해협**이야.

해협은 본디 물살의 변화가 심한데, 그중에서도 명량은 특히나 심하기로 악명 높은 곳이야. 심지어 울돌목은 물살이 빠르고 소리가 요란하여 마치 우는 것 같다고 하여 지어진 이름이지.

이순신 장군은 왜군을 어란포로 유인하여 치고 빠지기 식으로 한 번 싸우고, 다시 벽파진으로 유인하여 치고 빠지기 식으로 한 번 더 싸우고, 마지막으로 명량으로 유인하여 최종 결판을 보겠다는 작전을 구상했어. 이 작전은 정말 묘안 중의 묘안이었어.

명량에서 일자진 전술을

이순신 장군은 왜군과 최종 전투 장소로 명량을 택했어. 이것이 왜 묘안 중의 묘안인 걸까? 전술과 지형 조건에 그 답이 있어. 우선 전술부터 살펴보자.

임진왜란 때 조선 수군의 주력 전투선은 **판옥선**이었어. 칠천량 전투에서 대패하고 남은 12척의 전투선도 모두 판옥선이었고, 임진왜란 때에 맹활약한 이순신 장군의 거북선도 판옥선을 뼈대로 해서 건조한 것이지.

이순신 장군은 선조 임금에게 올린 글에 판옥선의 크기를 적었어.

> 판옥선 중에서 제일 큰 것은 통제사가 타는 배로 길이 105자, 너비 39자 7치이옵니다.

1보의 길이가 시대와 지역에 따라서 달랐던 것처럼, 1자의 길이도 시대와 지역에 따라서 약간씩 차이가 났어. 1자의 길이는 30센티미터를 오갔는데, 여기서는 계산의 편의를 위해 1자를 30센티미터로 하고, 39자 7치는 40자라고 할 거야. 1자가 30센티미터면, 105자는 31.5미터, 40자는 12미터야.

가장 큰 판옥선의 길이는 32미터 너비는 12미터 내외였다는 얘기야. 칠천량 전투에서 대패하고 남은 12척은 통제사가 탄 판옥선보다 작았을 테니 너비는 10미터 안팎이었을 거야. 그렇다면 명량해협의 폭은 얼마나 될까? 명량해협의 폭은 넓은 곳은 500미터에 이르고, 좁은 곳은 300미터쯤 돼.

판옥선

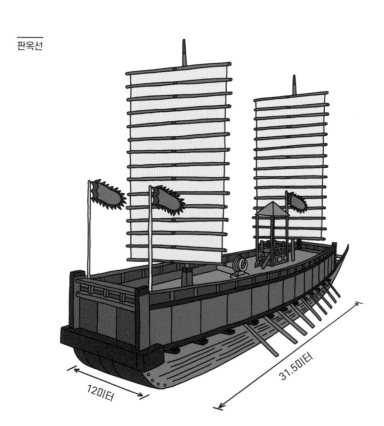

12미터

31.5미터

여기서 주목해야 하는 수치는 가장 넓은 폭이 아니라 가장 좁은 폭이야. 300미터를 주목해야 한단 말이지.

판옥선의 평균 너비가 10미터 정도이니, 판옥선 12척을 옆으로 붙이면 120미터 정도 나와. 판옥선이 다닥다닥 붙어 있으면 바다가 출렁일 때 서로 부딪쳐서 파손될 우려가 있으니까 배와 배 사이를 판옥선의 평균 너비만큼 띄워 놓으면 12척이 옆으로 늘어선 폭은 얼추 300미터에 이를 거야. 명량의 가장 좁은 곳의 폭과 비슷해져.

이순신 장군은 명량의 폭이 가장 좁은 곳에다가 판옥선 12척을 옆으로 배치시키는 작전을 구상했어. 이런 식의 배치가 한 일(一) 자 모양과 비슷하다고 해서 **일자진**이라고 해. 이순신 장군이 왜군과 최종 전투 장소로 명량을 택한 것은 일자진 전술을 펼치기 위해서였던 거야.

🚢 명량의 지형 조건

명량은 바닥의 높낮이 편차가 크기로 이름 높은 곳이기도 해. 바다 밑바닥이 몹시 울퉁불퉁하거든. 명량의 평균 수심은 19미터 정도 되는데, 깊은 곳은 26미터에 이르지만 얕은 곳은 2미터가 채 되지 않아.

이순신 장군은 이 수치 중에서 어느 것을 주목했을까? 맞아, 얕은 수심에 주목했어. 19미터라는 평균 수심만 놓고 보면 왜군의 전투선이 명량을 지나는 데 별 문제가 없어 보여. 하지만 2미터라면 사정이 달라지지. 전투선이 명량의 바닥에 닿아서 앞으로 나아갈 수가 없거든. 그래서 명량을 지나려면 수심이 낮은 곳을 미리 파악하고 피해야 했어.

이런 지형의 특성 때문에 한 번에 12척 이상의 배가 명량해협을 지나가는 건 불가능해. 이 말은 곧 왜군의 전투선 수백 척이 몰려온다고 해도 맨 앞줄에 선 전투선은 일자진을 하고 있는 조선의 전투선과 비슷하거나 더 적을 수밖에 없다는 얘기가 되지.

일자진 상상도

1597년 9월 16일, 명량으로 들어온 왜군의 전투선은 130여 척이었어. 맨 앞줄에는 10~12척의 전투선이 섰을 것이고, 그 뒤로 나머지 전투선이 줄지어 있는 모양이었을 거야. 명량으로 들어오지 못한 왜군의 전투선은 명량 앞바다 저 멀리서 이 날의 전투를 지켜볼 수밖에 없었지.

　　상황이 이렇다 보니 명량으로 들어온 왜군의 전투선이 조선 전투선의 10배 이상이었어도 싸워 볼 만 했던 거야.

　　명량의 평균 수심 외에 이순신 장군이 주목한 또 한 가지 통계 수치가 있어. 바로 명량의 물길 방향은 6시간마다 바뀐다는 거야.

　　지구의 어느 바다나 일정한 시간에 바닷물이 밀려 들어오고 빠져나가는 **밀물과 썰물**이 발생해. 밀물과 썰물은 지구와 달이 서로 끌어당기는 **인력** 때문에 생기는 현상이야. 하루에 네 번 일어나고 6시간마다 밀물과 썰물이 달라져. 밀물이 되면 바다의 수면이 높아지고 썰물이 되면 낮아지는데, 이때의 차이를 **조수간만의 차이**라고 해. 우리나라 해안은 이 차이가 크기로 유명하지.

　　요즘이야 이렇게 밀물과 썰물을 과학적으로 입증해 정확한 시간을 계산해 내지만 이순신 장군이 살던 조선 시대에는 어떻게 알아냈을까? 그래, 오랜 세월 직접 관찰하며 얻은 수치를 기록해서 알아냈어. 이 수치들이 쌓여 밀물과 썰물의 통계 자료가 된 거야.

　　서해 바다에 밀물이 들어오면 명량의 물길은 조선 전투선이 일자진을 하고 있는 쪽에서 왜군 쪽이 돼. 그런데 썰물 때는 반대가 되지. 이

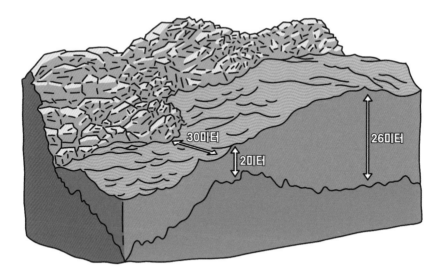

런 현상이 6시간마다 뒤바뀌며 반복된다는 걸 알고 있던 이순신 장군은 왜군을 기다렸어.

명량은 물살이 워낙 강해서 물길의 방향을 거스르며 전진하기 어려워. 왜군은 명량의 바닷물이 자기네 쪽에서 조선 수군 쪽으로 흐르기 시작했을 무렵 명량으로 진입했어. 이순신 장군과 조선의 병사들은 죽는 것을 두려워하지 않고 대포 '천지현황'을 쏘며 왜군의 전투선과 맞섰어. 물길의 방향이 바뀌는 6시간 후를 기다리면서 말이야.

치열한 공방전이 펼쳐졌고, 드디어 명량의 물길 방향이 바뀌었어.

이때, 이순신 장군과 조선의 병사들은 왜군을 맹렬하게 몰아붙이기 시작했지.

이 날 싸움의 결과는 어떻게 되었을까? 그래, 여러분이 이미 다 알고 있는 대로 이순신 장군과 조선 수군의 대승이었어.

이순신 장군은 최악의 상황에서도 경험과 수치를 제대로 분석하면 얼마든지 극적인 반전을 이끌어 낼 수 있다는 사실을 '명량 해전'을 통해 분명하게 알려 주고 있어.

명량 해전은 통계 해석의
빛나는 승리

명량 해전을 앞둔 이순신 장군에게 남은 전투선은 12척이 전부였어. 이 전투선으로 수백 척을 거느리며 다가오는 왜군을 어떻게든 이겨야만 했지. 정면승부로는 승리가 불가능한 상황이었어.

하지만 이순신 장군은 굴하지 않고 왜군을 명량으로 유인하여 전투를 벌이는 전략을 짰는데, 여기에 승리할 수밖에 없는 이순신 장군의 혜안이 담겨 있어.

점고라는 말을 들어 봤니? 점고는 하나하나 점을 찍어 가며 확인한다는 뜻이야. 실제와 얼마나 차이가 나는지 대조하고 검열하는 방법인데, 이순신 장군은 수많은 전쟁을 치르는 중에도 점고를 적절히 활용했어. 물론 명량 해전에서도 빛을 발했어.

이순신 장군은 남해 곳곳의 지형에 관한 자료를 철저히 수집했어. 폭과 깊이, 물살의 세기와 조수간만의 차, 밀물과 썰물이 발생하는 시간 등등을 말이야. 그리고 전쟁을 하는 데 필요한 물품, 필요 이상으로 남는 물자 등을 자료로 만들어 이를 실제와 일일이 대조하며 확인했어. 통계학이 생기기도 전에 이미 정확한 통계 자료를 활용해 작전을 세웠던 거야.

이순신 장군은 수집한 통계 자료를 하나하나 검토 확인하며, 즉 점고하며 전쟁에 적합한 지역을 고르기 시작했어.

- 바다의 폭이 판옥선 12척을 옆으로 늘어놓은 길이 정도 되는 곳이어야 한다. 그래야 왜군의 전투선이 옆에서 공격해 들어올 수 없고, 12척 이상의 전투선이 앞에 설 수가 없다.
- 바다 밑이 울퉁불퉁해야 한다. 그래야 왜군의 전투선이 우리 수군에게 쉽게 다가서고 물러나기 어렵다.
- 물살의 세기가 강해야 한다. 그래야 왜군의 전투선이 노를 젓기도, 방향을 마음대로 움직이기도, 우리 전투선에 맞서 싸우기도 어렵다.
- 밀물과 썰물의 차이가 커야 한다. 그래야 바닷물의 방향이 왜군 쪽으로 흐르기 시작할 때 우리 수군이 공격하기가 수월하다.

이순신 장군이 고려한 이러한 조건에 딱 맞는 곳이 바로 명량이었어.

명량 해전은 이순신 장군의 지략이 멋지게 빛을 발한 전투였으며, 그 속엔 통계를 빛나게 활용한 이순신 장군의 슬기가 녹아 있어.

찾아보기

참고 자료

- 《고등학교 국사》, 국사편찬위원회 국정도서편찬위원회 편찬, 교육과학기술부, 2010년
- 《고려시대 사람들은 어떻게 살았을까2》, 한국역사연구회 지음, 청년사, 2001년
- 《나무에 새겨진 팔만대장경의 비밀》, 박상진 지음, 김영사, 2010년
- 《나의 문화유산답사기 10》, 유홍준 지음, 창비, 2017년
- 《난중일기》, 이순신 지음, 송찬섭 엮어 옮김, 서해문집, 2010년
- 《내게는 아직도 배가 열두 척이 있습니다》, 김종대 지음, 북포스, 2004년
- 《다시 쓰는 임진대전쟁2》, 양재숙 지음, 고려원미디어, 1994년
- 《불패의 리더 이순신 그는 어떻게 이겼을까》, 윤영수 지음, 웅진씽크빅, 2005년
- 《삼국사기》, 김부식 지음, 신호열 역해, 동서문화사, 2010년
- 《삼국 시대 사람들은 어떻게 살았을까》, 한국역사연구회 지음, 청년사, 2001년
- 《삼국유사》, 일연 지음, 김원중 옮김, 민음사, 2011년
- 《설민석의 조선왕조실록》, 설민석 지음, 세계사, 2016년
- 《역사가 새겨진 나무이야기》, 박상진 지음, 김영사, 2014년
- 《역사저널 그날》, KBS 역사저널 그날 제작팀 지음, 민음사, 2016년
- 《이순신과 임진왜란 4》, 이순신역사연구회 지음, 비봉출판사, 2014년

• 《이야기 한국사》, 교양국사연구회 엮음, 청아출판사, 1994년

• 《이야기로 배우는 한국의 역사》, 최규성 지음, 고려원미디어, 1996년

• 《임진왜란 해전사》, 이민웅 지음, 청어람미디어, 2014년

• 《조선시대 사람들은 어떻게 살았을까 2》, 한국역사연구회 지음, 청년사, 2003년

• 《중학교 역사부도》, 이문기 외 12인 지음, 두산동아, 2012년

• 《천문과 지리 전략가 이순신》, 이봉수 지음, 가디언, 2018년

• 《청소년을 위한 한국수학사》, 김용운·이소라 지음, 살림출판사, 2011년

• 《초등학교 사회과부도》, 교육과학기술부, 두산동아, 2010년

• 《하늘에 새긴 우리역사》, 박창범 지음, 김영사, 2013년

• 《한권으로 읽는 고려왕조실록》, 박영규 지음, 들녘, 1999년

• 《한권으로 읽는 삼국왕조실록》, 임병주 지음, 들녘, 2000년

• 《한권으로 읽는 세종대왕실록》, 박영규 지음, 웅진지식하우스, 2014년

• 《한권으로 읽는 신라왕조실록》, 박영규 지음, 웅진닷컴, 2001년

• 《한권으로 읽는 조선왕조실록》, 박영규 지음, 들녘, 2000년

• 《한권으로 정리한 이야기 고려왕조사》, 최범서 엮음, 청아출판사, 1999년

- 《한국고중세사사전》, 한국사사전편찬회 편, 가람기획, 1995년
- 《한국민족문화대백과사전》, 한국학중앙연구원
- 《한국사 개념사전》, 최인수·공미라·김수옥·김애경·김지수·노정희 지음, 아울북, 2015년
- 《한국수학사》, 김용운·김용국 지음, 살림출판사, 2012년
- 《한국의 우주관》, 나일성 지음, 연세대학교 출판부, 2016년
- 《한양도성》, 나각순 지음, 그린북, 2015년
- 《호적》, 손병규 지음, 휴머니스트, 2007년
- 《홍순민의 한양 읽기 도성》, 홍순민 지음, 눌와, 2017년

삼국 시대부터 조선 시대까지
역사에 숨은 통계 이야기

1판 1쇄 발행 | 2019. 12. 19.
1판 3쇄 발행 | 2020. 11. 17.

송은영 글 | 방상호 그림

발행처 김영사 | **발행인** 고세규
편집 김인애 | **디자인** 홍윤정
등록번호 제406-2003-036호 | **등록일자** 1979. 5. 17.
주소 경기도 파주시 문발로 197 (우10881)
전화 마케팅부 031-955-3100 | 편집부 031-955-3113~20 | 팩스 031-955-3111

값은 표지에 있습니다.
ISBN 978-89-349-9985-0 43310

좋은 독자가 좋은 책을 만듭니다. 김영사는 독자 여러분의 의견에 항상 귀 기울이고 있습니다.
전자우편 book@gimmyoung.com | 홈페이지 www.gimmyoungjr.com

이 도서의 국립중앙도서관 출판시도서목록(CIP)은 서지정보유통지원시스템
홈페이지(http://seoji.nl.go.kr)와 국가자료공동목록시스템(http://www.nl.go.kr/kolisnet)에서
이용하실 수 있습니다. (CIP제어번호 : CIP2019049357)

어린이제품 안전특별법에 의한 표시사항

제품명 도서 제조년월일 2020년 11월 17일 제조사명 김영사 주소 10881 경기도 파주시 문발로 197
전화번호 031-955-3100 제조국명 대한민국 ⚠주의 책 모서리에 찍히거나 책장에 베이지 않게 조심하세요.